探索恐龙帝国

TANSUO KONGLONG DIGUO

策划/孟凡丽　主编/袁毅

Wuhan University Press
武汉大学出版社

推荐序
TUIJIAN XU

2009年，美国教育进展国际评估组织对世界21个国家的调查显示，中国孩子的计算能力排名世界第一，而创造力却排名倒数第五。2009年9月，国务院总理温家宝也指出，中国培养的学生缺乏实践能力和创造精神。

"中国学生科学素质培养必读书"系列以最新奇的视角、最科学的体系介绍了贴近中国孩子学习生活的科普知识。这些来自生活和自然的探究性问题，使孩子们既感到有理解的能力，又感到有解决问题的信心，满足他们的好奇心和求知欲，激发他们探索的活力。

"中国学生科学素质培养必读书"系列注重开发中国孩子的主体潜能，让孩子在探究式学习中认识科学，热爱科学，发展各种素质和个性，发挥学习的主体能动性，从而获得终身的持续发展。

让我们的孩子从这里出发，从科普知识中不断认识自我、提高自我，不断提高学习能力和创新思维，培养好问、多思、质疑的良好学习习惯。

人的天职在于勇于探索真理。——波兰天文学家 哥白尼

"中国学生科学素质培养必读书"系列全方位的内容体系、全新视角的解说、新颖有趣的互动、精美震撼的图片让我们重新去认识科学、欣赏科学、热爱科学。

在内容方面,"中国学生科学素质培养必读书"系列从自然科学和人文科学两大体系中遴选出宇宙、地球、UFO、动物、植物、恐龙、人体、神秘地带、古文明等12个中小学生最感兴趣的话题,为他们建构全方位的知识体系。

在视角方面,"中国学生科学素质培养必读书"系列以全新敏锐的视角对各类知识进行解说,真正做到从读者的心理出发,以他们的角度去观察问题,解答问题,以便达到最佳的阅读效果。

在互动方面,学习知识的最好途径不是被动灌输,而是主动探索。"中国学生科学素质培养必读书"系列设置了互动环节,让读者融入其中,主动去寻找解决问题的方法,培养他们的探索精神。

在图片方面,"中国学生科学素质培养必读书"系列通过数千幅精美大图,在这个读图时代打造最真实的视觉震撼。图文并茂的编排方式更是让读者拥有身临其境般的直观感受,并且深化对文字的理解和掌握。

"中国学生科学素质培养必读书"带给你的不再是晦涩难懂的天外传说,而是活泼有趣的科学认知。提升你的科学素质,培养你的动脑能力,激发你对科学的兴趣。让我们一起畅游科学的海洋吧!

目录
CONTENTS

3 恐龙中的素食主义者

4 荤素皆宜的恐龙

亿万年前的地球是什么样子呢？那时候的地球上有生命存在吗？谁又是那个遥远时代的地球霸主呢？它们又是怎样生活的？

就让我们带着这些疑问，在《探索恐龙帝国》的带领下，坐上时空机，去遥远的时代探险，认识亿万年前的那些我们想要去了解的朋友——恐龙。

全书分为四章，分别是"恐龙概述""无肉不欢的家伙们""恐龙中的素食主义者"和"荤素皆宜的恐龙"。我们根据恐龙的食性来划分整本书的结构，可以更加直观清晰地认识那些遥远的朋友们。

无论是开创恐龙时代的始盗龙，还是出现在恐龙时代最后的三角龙，也不论是沉睡的寐龙，还是狂暴的霸王龙，关于它们的故事，这本书都会为你娓娓道来。现在就让我们一起藏在树丛后，好好地观察这些家伙吧……

当我们结束了这一趟恐龙时代之旅，你会重新认识到这些中生代的霸主们。也许晚上做梦时，你还会和它们在一起快乐玩耍呢。

1

恐龙概述

恐龙——我们的朋友

　　说起恐龙，它们可是我们遥远的朋友呢。虽然从没有见过，但相信大家都对这些朋友充满了好奇吧。那么恐龙究竟是什么样子呢？它们什么时候生存在地球上呢？它们是不是像传说中那么庞大呢？

什么是恐龙

　　恐龙是生活在距今大约2亿3500万年前至6500万年前的动物，它的英文名字叫"dinosaur"，意思是"恐怖的蜥蜴"。恐龙是唯一一种四肢直立于身体之下的爬行动物，它们能用后肢或四肢行走。根据各自腰带的构造特征不同，恐龙被划分为两大类：蜥臀目、鸟臀目。大部分恐龙都长着鳞状的皮肤，也有一些恐龙的体表可能长着羽毛。

恐龙不可怕

你是不是也觉得恐龙长得很可怕呢？其实并不是所有的恐龙都很可怕。它们中间虽然有凶残的肉食者（吃动物的恐龙），但是还有荤素都吃的杂食性恐龙，更有温顺的素食者（吃植物的恐龙）。有一些恐龙很大，几乎有四五层楼那么高；有一些恐龙却很小，可能只有一只鸭子那么大。

曾经的霸主

到现在为止，考古学家们已经发现了800多种不同的恐龙。这些恐龙支配了地球陆地生态系统超过1亿6000万年之久。它们最早出现在约2亿3500万年前的三叠纪末期，但是最终灭亡于约6500万年前的白垩纪。

恐龙时代——无人能敌的霸主地位

恐龙生活的年代距我们现在非常遥远。它们生活在地球的中生代，历经了中生代中的三叠纪、侏罗纪、白垩纪三个地质时代。那个时候的地球可是恐龙的天下哦，它们无人能敌。

三叠纪——恐龙出现啦

三叠纪开始于2.51亿年前，是中生代的第一个纪。三叠纪末期，最初的恐龙出现了，它们的种类在慢慢地增多。谁也不会想到这些动物会在接下来的漫长岁月里支配着整个地球。所以三叠纪可以称得上是恐龙时代的前奏。

侏罗纪——恐龙成为了地球霸主

侏罗纪是恐龙的繁盛时期。恐龙在这个时期已经完全统治了地球。不同种类的恐龙都相继出现，地球成了恐龙的天下。它们中有的开始相互斗争，并出现了大规模的恐龙争霸的局面。恐龙在这段时期得到了快速的发展和进化，于是侏罗纪也被称作是恐龙的鼎盛时期。

白垩纪——恐龙的最后辉煌

白垩纪时期，因为陆地的持续分裂，恐龙开始在相对独立的环境中繁衍生息。新的恐龙种类在这时也出现了，例如我们所熟悉的霸王龙和慈母龙。恐龙依旧统治着地球，并且迎来了它的最后辉煌。因为到了白垩纪的末期，所有的恐龙都灭绝了。

恐龙灭绝之谜——史前大谜团

曾经统治了地球那么久的恐龙为什么会在白恶纪末期突然灭绝呢？这个问题一直都是众说纷纭，没有一个确定的结论，因此恐龙的灭绝原因到目前为止仍旧是一个未解的谜题。

恐龙放屁说

有人认为恐龙灭绝的真正原因，是因为自己放的屁。恐龙放屁产生了大量的甲烷造成了环境巨变，最终使自己灭绝了。用一句话来说：恐龙是被自己的屁熏死的。这个观点是不是很有意思呢？

板块移动说

也有人说恐龙灭绝是板块移动的结果，洋流的改变，引起气候发生巨大的变化。严寒的气候使植物死亡，恐龙最终因缺乏食物而导致灭亡。

火山爆发说

很多人认为是因为火山的爆发，二氧化碳大量喷出，造成地球温室效应增强，使得植物死亡，最终导致恐龙没有食物。而且，火山喷发使得盐素大量释出，臭氧层破裂，有害的紫外线照射地球表面，加速了恐龙的灭绝。

自相残杀说

有人认为造成恐龙灭绝的真正原因是自相残杀。肉食性恐龙以草食性恐龙为食，肉食性恐龙增加，草食性恐龙自然越来越少，最终消失。肉食性恐龙因无肉可食，就自相残杀，结果同归于尽。

陨石碰撞说

　　现在普遍被大家认可的是陨石撞击说。人们认为，恐龙的灭绝和6500万年前的一颗大陨星有关。据研究，当时曾有一颗直径7～10千米的小行星坠落在地球表面，引起一场大爆炸，并把大量的尘埃抛向大气层，形成遮天蔽日的尘雾，导致植物的光合作用暂时停止，恐龙因此也灭绝了。

恐龙化石——恐龙时代的印记

恐龙死后，它们身体中的软体组织慢慢腐烂，最终消失，而骨骼（包括牙齿）等硬体组织沉积在隔绝氧气的泥沙中，经过了几千万年甚至上亿年的沉积，骨骼被完全石化了，就变成了恐龙化石。

考古挖掘

古生物学家们借助地图和地理学的知识去寻找那些可能埋藏着化石的地区。当他们确定某一区域后，便开始在那里搜寻化石，一旦发现目标，就绘制出位置图。每一块化石都要贴上标签并拍照记录，这样就能按照化石最初的位置把它们重新构建起来。

化石会说话

现在科学家们所知道的关于恐龙的一切都是源于化石。恐龙的骨骼和牙齿化石可以告诉我们关于恐龙外形和生活方式等方面的线索，比如恐龙吃什么，曾经受过什么伤，怎么

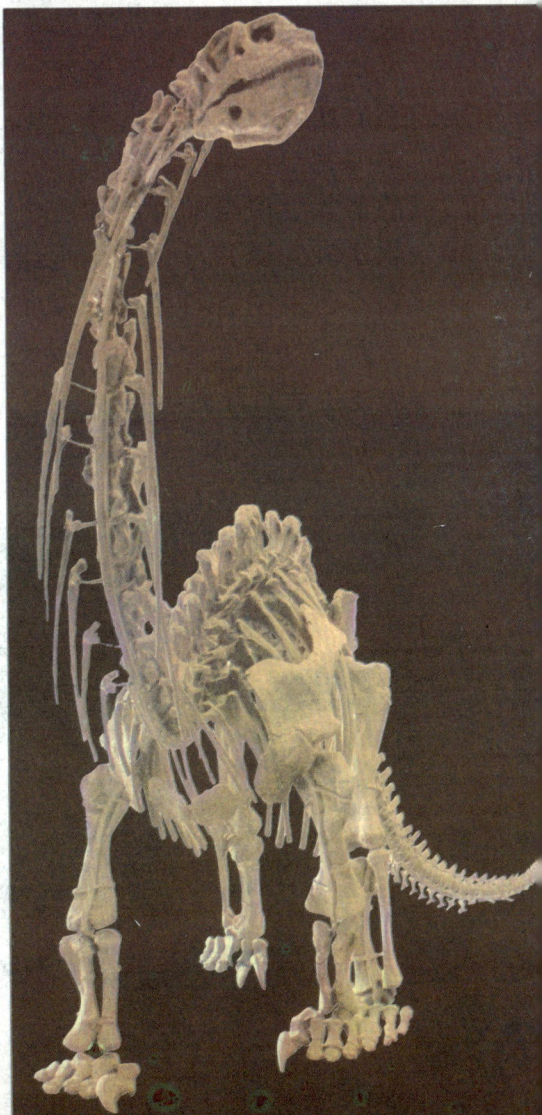

死的等。科学家依靠着这些点点滴滴的证据来拼凑恐龙的各种信息。这就是我们所说的"化石会说话"。

重塑恐龙

化石被清理并保护好后，古生物学家就把它们摆放在一起组成一个整体，这样就可以发现缺失的部分，然后通过观察其他近缘恐龙类似的部分推断出缺失部分的形状。而绘图师会和古生物学家沟通并尽量准确地绘制出恐龙的各种姿势。植物专家和地质专家也会描绘出恐龙生活的真实环境。

无法挖掘的恐龙化石

世界上有许多化石遗址，但是由于资金缺乏、地理位置偏远等原因，有些地方的化石是无法被挖掘出来。比如，有一个化石遗址距南极仅仅170千米，但是因为气候和地理原因，科学家很难到达那里。

我们恐龙世界之旅才刚刚开始，先别着急，看了之前这些关于恐龙的知识，你学到了多少呢？现在让我考考你吧。

1. 按腰带的不同，恐龙被划分为哪两大类？

_____

2. 中生代分为哪三个纪？

_____

3. 现在被人们普遍所认可的恐龙灭绝的原因是哪一种说法？

_____

4. 霸王龙和慈母龙是在哪一个时期出现的？

_____

5. 世界上有一些恐龙化石无法进行挖掘可能是因为哪些原因呢？

_____

2 无肉不欢的家伙们

始盗龙——最早的恐龙朋友

眼前这只恐龙是不是看上去没有什么特别之处呢？它比起其他大型的或是凶恶的恐龙也许显得很普通，但是你可千万别小看它，你可知道这只生活在三叠纪末期的恐龙对于整个恐龙时代有着什么样的意义吗？

恐龙家族的开拓者

你别看始盗龙长得只有现在中型犬一般的大小，其实它的来头可大着呢。它可能是迄今为止已知的最原始的恐龙，称得上是恐龙家族的开拓者！

灵活的猎杀者

始盗龙虽然身材娇小，但它却是早期肉食性恐龙中的佼佼者。始盗龙的身形轻盈矫健，能够进行急速猎杀。它还拥有善于捕抓猎物的爪子，它前肢上的爪子很大，适宜抓握。行动灵活而迅速的始盗龙

有能力捕抓并干掉和它的体型差不多大小的猎物。

偶然发现的化石

　　始盗龙的发现纯属偶然，当时在阿根廷西北部的挖掘小组的一位成员在一堆弃置路边的乱石块中居然发现了一个近乎完整的头骨化石！于是挖掘小组趁热打铁，对废石堆一带反复"扫荡"。没过多久，一具很完整的恐龙骨骼呈现在他们面前，更令人惊喜的是——这一品种的恐龙他们从没有见过。就这样，迄今为止最古老的恐龙被发现了，2亿3500万年前，它就生活在这片土地上。

三叠纪（2亿5000万年前~1亿9960万年前）	侏罗纪（1亿9960万年前~1亿4550万年前）	白垩纪（1亿4550万年前~6550万年前）

巨齿龙——走路摇摇摆摆的恐龙

那只恐龙对着别的恐龙张开了血盆大口，口腔里尖利的牙齿闪烁着令人恐惧的寒光。巨大的牙齿，深深的口裂，没错，可怕的巨齿龙来了。

凶恶的巨齿龙

巨齿龙之所以叫巨齿龙，当然与它的牙齿有关。巨齿龙的每枚牙齿都有10厘米长，齿尖向后弯曲，形态就像一把匕首。深深的口裂，配上如此巨大锋利的牙齿，我们不难想象它的凶猛。也许只需要一口，它就可以轻而易举地夺去猎物的性命。

像鸭子一般走路

巨齿龙的身长比一般的霸王龙略微小一点，但是它的足印大小与霸王龙的足印差不多，有60多厘米长。从巨齿龙的足迹化石中可以看出它的一只脚的足印并不落在另一只脚的前面，而是在左右足印之间有90多厘米宽的间距，但左右足印前后距离却不大。于是科学家们根据这个现象推测：巨齿龙很有可能像鸭子那样摇摇摆摆地走路。

巨齿龙化石

第一具巨齿龙化石遗骸是1818年在英国牛津郡石场的板岩中发现的。从那以后，已经有20多只恐龙化石被命名为巨齿龙了。

三叠纪（2亿5000万年前~1亿9960万年前）	侏罗纪（1亿9960万年前~1亿4550万年前）	白垩纪（1亿4550万年前~6550万年前）

双脊龙——爱炫耀的恐龙

你是不是也发现了，那只正在奔跑的恐龙的速度比同时期的大多数动物都要快呢？它的头顶上顶着两个奇特的头冠，样子真是奇怪极了。没错，它就是我们今天要介绍的双脊龙。

灵巧的双脊龙

双脊龙是侏罗纪早期的肉食性恐龙，它的鼻嘴前端特别狭窄，柔软而灵活，所以它可以从矮树丛中或石头缝里将那些细小的蜥蜴或其他小型动物衔出来吃掉。虽然与后来的大型肉食性恐龙相比，双脊龙的身体显得比较"苗条"，但是它的行动却很敏捷。口中利齿、灵巧的身形、飞快的速度，这些有利条件甚至能让双脊龙把一些大个子的草食性恐龙当作晚宴来享受。

用来炫耀的头冠 ➡

双脊龙是因头上长着两个大头冠而得名。但是它的头冠是比较脆弱的，构成这些头冠的骨头薄得像纸，在阳光下，光线都可以透过去。所以这些头冠的作用不太可能是用于打斗，而可能仅仅是用于炫耀的。

电影明星 ➡

你看过著名电影《侏罗纪公园》吗？双脊龙曾经作为"明星"在电影中出现过呢。但是电影中所形容的双脊龙颈部拥有可收缩的褶皱，而且能射出致盲毒液，使猎物失明且瘫痪，类似喷毒眼镜蛇。其实这些说法是不准确的，因为到现在为止还没有任何证据可以显示出双脊龙有这些本领。

三叠纪（2亿5000万年前~1亿9960万年前）	侏罗纪（1亿9960万年前~1亿4550万年前）	白垩纪（1亿4550万年前~6550万年前）

冰脊龙——来自南极洲的恐龙

这里是中生代的南极洲，侏罗纪时期的南极洲并不像今天这么寒冷，相对而言要暖和许多。这里最有名的恐龙一定是那只头上长着像梳子一样头冠的恐龙——冰脊龙了。

发掘冰脊龙的艰辛

冰脊龙化石是在距离南极极点640千米的地方被发现的。那里的海拔在4000米以上。而考古学家和地质学家们就是在暴风雪、缺氧等极端恶劣的条件下，冒着生命的危险才发掘出了这些冰脊龙的骨骼化石。

冰脊龙的荣誉

1991年，威廉姆博士在南极洲的侏罗纪早期地层中发现了冰脊龙的化石。别小看这次发现，这次发现可是冰脊龙的骄傲。因为这只

被发现的冰脊龙不仅仅是第一只在南极洲发现的肉食性恐龙，并且还是第一只被正式命名的南极洲恐龙。

下雪也不怕 →

　　侏罗纪早期的世界比现在要暖和一些，而且南极洲当时比较接近赤道，所以南极洲属于温带气候。但这样并不代表冰脊龙所生存的地方不下雪，那时候的天气虽然相对较暖和，但仍会下雪。可见当时冰脊龙可以抵受相对较冷的环境，而且在下雪时仍可生存。

三叠纪（2亿5000万年前~1亿9960万年前）	侏罗纪（1亿9960万年前~1亿4550万年前）	白垩纪（1亿4550万年前~6550万年前）

冰脊龙与"猫王"的关系

冰脊龙有一个昵称，叫作"埃尔维斯"。"埃尔维斯"这个名字还是美国著名摇滚歌手"猫王"的原名呢。为什么给冰脊龙取这么一个昵称呢？原来冰脊龙的颅骨上长着一个美丽的梳子状的头冠，这个头冠非常像猫王的发型，所以人们都亲切地叫冰脊龙"埃尔维斯"。

侏罗猎龙——娇小的恐龙宝贝

在我们的印象中，所有的恐龙都是又高又大的，但是你绝对想不到，眼前的这种恐龙居然只有70厘米左右！现在就让我们一起来认识一下这个娇小的恐龙宝贝——侏罗猎龙吧。

侏罗猎龙的发现

1998年，在德国艾希施泰特县附近的石灰岩层发现了侏罗猎龙的化石。这种生存于1亿5千万年前的德国侏罗山脉的恐龙属于小型的虚骨龙类恐龙，整个身长只有70厘米左右。

三叠纪（2亿5000万年前~1亿9960万年前）	侏罗纪（1亿9960万年前~1亿4550万年前）	白垩纪（1亿4550万年前~6550万年前）

侏罗猎龙的羽毛之谜

侏罗猎龙属于虚骨龙类美颌龙科。因为在中国辽西发现的美颌龙科恐龙——中华龙鸟带有原始的羽毛，所以大部分科学家认为美颌龙科恐龙应该都具有原始羽毛，但是在侏罗猎龙的化石上并没有发现羽毛，而是发现了鳞片的印痕，这说明侏罗猎龙还没有进化成带有原始羽毛的恐龙，这也说明了羽毛的进化是相当复杂的。

关于侏罗猎龙的猜测

有很多人认为侏罗猎龙本身只有70厘米左右，但是有一部分人猜测现已发现的侏罗猎龙的化石只是幼年的侏罗猎龙，所以侏罗猎龙的真正大小还未知。关于侏罗猎龙的归属，人们也有不少看法，有人认为侏罗猎龙不属于美颌龙科，而是属于手盗龙类的原始物种。种种猜测把侏罗猎龙蒙上了一层神秘面纱。

　　始盗龙和侏罗猎龙都是相对来说较为"娇小"的恐龙，通过上面的介绍，你能分辨出它们来吗？仔细对比一下，写出它们之间的不同吧。

● ● ● ● ● ● ● ● ●

　　　　始盗龙　　　　　　　　侏罗猎龙

区别1：＿＿＿＿＿＿＿　　　　＿＿＿＿＿＿＿

区别2：＿＿＿＿＿＿＿　　　　＿＿＿＿＿＿＿

区别3：＿＿＿＿＿＿＿　　　　＿＿＿＿＿＿＿

区别4：＿＿＿＿＿＿＿　　　　＿＿＿＿＿＿＿

区别5：＿＿＿＿＿＿＿　　　　＿＿＿＿＿＿＿

中华盗龙——用嘴当武器的恐龙

不远处走来了一个大家伙！它长着长长的脑袋，尖利的牙齿似乎在彰显着它是一只非常凶恶的肉食性恐龙。快躲起来吧，它就是中华盗龙。

中华盗龙的种类

中华盗龙属下有两种恐龙——董氏中华盗龙与和平中华盗龙。董氏中华盗龙是在我国的新疆准噶尔盆地发掘的，而和平中华盗龙则在我国四川省自贡市和平乡发现的，这说明了中华盗龙曾经分布较广。

斗争的武器

考古学家还曾在草食性恐龙的身上发现过中华盗龙留下的牙印呢。这些痕迹可以告诉我们，像中华盗龙这样的兽脚类恐龙打斗时是用嘴当武器的。中华盗龙的颅骨有1米长，因为它们是用嘴当武器，所以相互间的打斗很可能非常激烈和血腥。

| 三叠纪（2亿5000万年前~1亿9960万年前） | 侏罗纪（1亿9960万年前~1亿4550万年前） | 白垩纪（1亿4550万年前~6550万年前） |

中华盗龙的近亲

　　侏罗纪晚期是肉食性恐龙最繁盛的时期。在我国所发现的侏罗纪晚期的肉食性恐龙除了单棘龙外还包括中华盗龙、永川龙和四川龙。后三者是一科，为中华盗龙科。所以说中华盗龙与永川龙和四川龙可以算得上是近亲呢。

异特龙——站在食物链的顶层

我们都知道"大鱼吃小鱼，小鱼吃虾米"这样的生存法则，这种食物链在哪一个时代都是绝对存在的。如果说在侏罗纪时代的北美洲，有哪种恐龙站在食物链的顶层，那么一定就是恐怖的异特龙了。

可怕的猎食者

异特龙相貌恐怖，它的头颅骨非常强壮，咬合力可以达到3~8吨。锯齿状的牙齿可以轻易地将别的恐龙咬死。它的前肢末端是钩状利爪，尖锐有力，可以轻而易举地把别的恐龙撕碎。强壮的头骨、锋利的牙齿与爪子，使异特龙成为了恐龙家族中令人生畏的猎食者。

三叠纪（2亿5000万年前~1亿9960万年前）	侏罗纪（1亿9960万年前~1亿4550万年前）	白垩纪（1亿4550万年前~6550万年前）

容易脱落的牙齿

异特龙的牙齿虽然无比锋利，但其实也很脆弱。异特龙的牙齿很容易脱落，它需要经常地换牙。但一颗牙齿脱落后，很快会有新牙长出来替换老牙，而且这些新牙会比之前的老牙还要锋利和尖锐。

高智商的恐龙

许多恐龙的身体庞大，但是这并不意味着那些恐龙很聪明。异特龙却不同，虽然它长着庞大的身躯，但同时也拥有发达的大脑，所以它很有可能是侏罗纪时期高智商的大型肉食性恐龙呢。

异特龙的听觉

一项研究表明，异特龙的脑部与鳄鱼有很多的共同点。异特龙的内耳结构类似鳄鱼，所以它们可能比较容易听到低频的声音，也可以听到细微的声音。由此可以推断出异特龙的听觉应该非常好。

扭椎龙——脊椎弯曲的恐龙

那个后肢很长正在追赶可怜的小恐龙的大家伙究竟是谁啊？你看它行动轻便，小恐龙完全不是它的对手。原来，它就是我们要介绍的脊椎弯曲的扭椎龙啊。

欧洲恐龙界的"明星"

扭椎龙，又被称为优椎龙。它们生活在侏罗纪晚期的欧洲。那时候的欧洲西部有很多水资源丰富的小岛，扭椎龙就在那里狩猎和嬉戏。而它们也一直是欧洲最著名的大型肉食性恐龙，可以算得上欧洲恐龙界的"明星"呢。

翘着屁股的恐龙

是不是发现这只恐龙似乎和别的恐龙有些不同？你猜对了，的确有些不同。扭椎龙的臀部距离地面有2米左右，所以看起来像是翘着屁股一样，尾巴高高扬

三叠纪（2亿5000万年前~1亿9960万年前）	侏罗纪（1亿9960万年前~1亿4550万年前）	白垩纪（1亿4550万年前~6550万年前）

起，似乎在炫耀着自己的与众不同呢。

会游泳的家伙

　　我们知道扭椎龙是一种大型的肉食性恐龙，它能积极快速地奔跑，追逐猎物。但是你可知道扭椎龙也会游泳？为了吃到对面岛上的猎物，扭椎龙会把它的尾巴作为平衡舵，从这个岛游到那个岛上去，然后吃掉自己心仪的美食。

中华龙鸟——穿着绒毛衣服的家伙

一只小小的恐龙从大树下跑过，它的尾巴可真长啊。这个身形小巧，身上覆盖着一层原始绒毛的家伙究竟是谁呢？它就是来自我国辽宁省的中华龙鸟。

是龙还是鸟

中华龙鸟的骨架不是很大，只有1米左右。它的前肢粗短，但是爪钩锐利，后腿较长，很适合奔跑。最特殊的是它的全身还披覆着一层原始绒毛。因为这些绒毛很像最早的羽毛，所以开始的时候人们以为它是一种原始鸟类，后来经科学家证实，它其实是一种小型肉食性恐龙。所以，中华龙鸟其实是恐龙。

三叠纪（2亿5000万年前~1亿9960万年前） | 侏罗纪（1亿9960万年前~1亿4550万年前） | 白垩纪（1亿4550万年前~6550万年前）

长长的尾巴

别看中华龙鸟的个头不大，但是尾巴却相当长。它的尾巴的长度几乎是躯干长度的两倍半。你能想象出一只小巧的中华龙鸟拖着它长长的尾巴奔驰在白垩纪早期大地上的画面吗？

漂亮的中华龙鸟

科学家们猜测中华龙鸟的头、脖子、后背以及尾巴上都长着鬃毛，形成斑纹。而它的全身覆盖着黄褐色和橙色相间的绒毛，尾巴则是橙白两色相间的。这样的斑纹和色彩结合，看来中华龙鸟还真算得上是漂亮的恐龙呢。

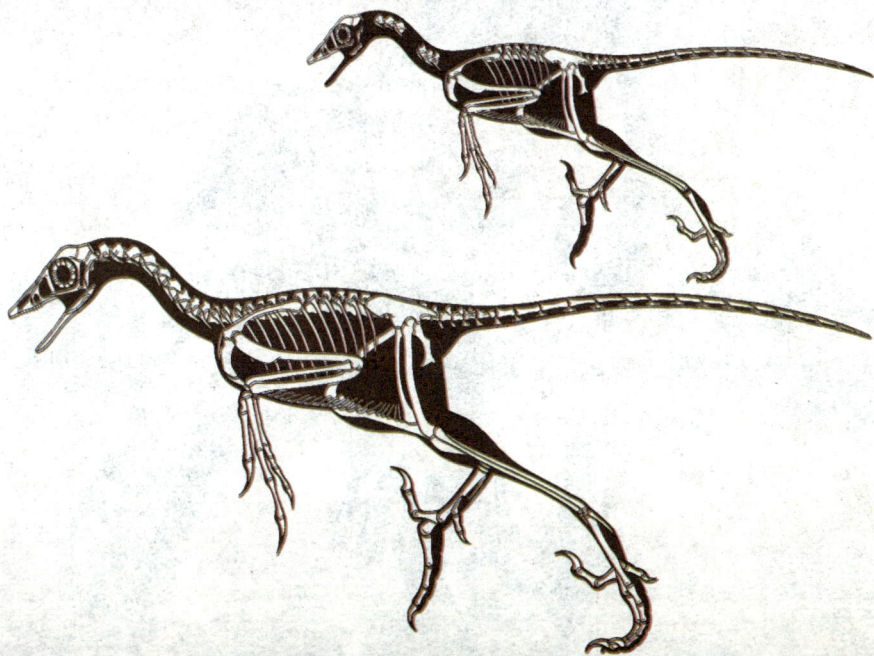

重爪龙——恐龙中的大灰熊

小河边，一只大恐龙静静地站在那里。忽然，它举起了巨大的爪子狠狠地拍入水中，随即抓起了一条鱼。这只正在捕鱼的恐龙就是重爪龙。

捕鱼能手

重爪龙生活在岸边，它们以捕食水中的鱼类为生。它们很会抓鱼，经常用锋利的爪子去捕鱼，就像今天的灰熊一样。抓到鱼后，它就用嘴叼住，然后带到树丛中去慢慢享用。看来重爪龙的捕鱼本领和灰熊可以一较高下哦！

与掠食者角色无缘

重爪龙有着独特的嘴巴和牙齿——口鼻低矮，颚部狭窄，圆锥形的牙齿，这些特点让重爪龙不能掠食9米以上、健康的草食性恐龙。虽然重爪龙的大爪子完全可以震慑到草食性恐龙，但它的牙齿是圆锥形的，并不是一般肉食性恐龙的牛肉刀形，所以无法用嘴去进行攻击。

吓到人们的大爪子

英国一个业余的收藏者在一次挖掘活动中挖出了重爪龙的爪子化石。当他挖出来时，吓了一大跳——这个爪子居然超过了30厘米！这个像镰刀、尖端如短剑的爪子就是重爪龙引以为豪的大爪子。它的爪子与它的身体相比较而言，可真算得上是巨大呢。

三叠纪（2亿5000万年前~1亿9960万年前）	株罗纪（1亿9960万年前~1亿4550万年前）	白垩纪（1亿4550万年前~6550万年前）

与鳄鱼的关系

重爪龙脖子细细的，但它的脑袋却与鳄鱼长得很像，它的上、下颚跟鳄鱼极为相似，而且它吃鱼的生活特征也像鳄鱼。研究表明：重爪龙进食时，它头骨弯曲和伸展的方式与恒河鳄进食时头骨的运动方式一模一样。这么多相似点不禁让科学家们怀疑，难道重爪龙与鳄鱼是近亲吗？科学家们正在研究这个问题。

比比爪子的大小

凶恶的肉食性恐龙中，最凶恶的霸王龙的前爪小得不堪一提，而伶盗龙第三趾的利爪只有12厘米，恐怖的异特龙的前爪也仅有15.2厘米长，重爪龙的爪子却有30厘米长呢！

快·问·快·答

"快问快答"的时间到了，现在，就让我来看看你到底学到了多少知识吧。

1. 中华盗龙的属下有两种恐龙，分别是哪两种恐龙？

_____

2. 侏罗纪时期智商最高的恐龙是哪一种恐龙呢？

_____

3. 扭椎龙游泳时会把身体的哪一部分作为平衡舵呢？

_____

4. 中华龙鸟究竟是龙还是鸟？

_____

5. 重爪龙为什么无法成为掠食者？

_____

单爪龙——只有一个爪子的恐龙

　　这里是白垩纪的蒙古，在这茫茫的沙漠平原中，一只小巧的恐龙飞奔而过。快看，那个拖着长长的尾巴迈着大步轻盈地奔跑而过的小家伙，就是我们要找的单爪龙。

小议单爪龙

　　单爪龙是兽脚亚目恐龙的一种，它生存在白垩纪的蒙古。单爪龙的双脚长而敏捷，可以快速奔跑，这在它们所生存的沙漠平原环境中非常有效。单爪龙的头部小，牙齿小而尖，说明它们是以昆虫与小型动物为食，例如蜥蜴与哺乳类动物。单爪龙眼睛大，故可在较寒冷、较少掠食动物的夜晚猎食。

恐龙还是鸟

由于单爪龙的龙骨突不是
很明显，与鸟类的龙骨突几乎
一样，因为它的掘土的习性导致其具有和
鸟类类似的胸骨的龙骨突。所以有的人认为
单爪龙是一种失去飞行的鸟类或长有短小
单爪前肢的原始鸟。但绝大多数古鸟类
学家和恐龙学者都认为它是一种近鸟类恐龙。

一个爪子

单爪龙有一副轻盈的骨骼，一条长长的尾巴与苗条的双
腿，最令人惊奇的是它那只有一个爪子的前肢。这个粗壮结实
的爪子是那么不成比例的大，它直接连接着单爪龙唯一一个手
指。单爪龙的指骨、尺骨与肱骨的长度非常接近。根据这些
特征，科学家们推测单爪龙可能类似我们的现代土豚或者食蚁
兽，使用它粗短有力的前肢为工具来猎食。它那苗条的后肢与
柔韧的颈部又说明了它应该是一个高速奔跑的健将，这或许是
它逃避敌害的手段。

三叠纪（2亿5000万年前~1亿9960万年前）	侏罗纪（1亿9960万年前~1亿4550万年前）	白垩纪（1亿4550万年前~6550万年前）

始暴龙——暴龙家族的开创者

你可别小看了这只恐龙，它虽然个子没有霸王龙那么大，但是它却是整个暴龙家族的开创者。没错，它就是生活在白垩纪早期的始暴龙。

暴龙科的特征

从始暴龙开始，暴龙科有了自己别具一格的特征，那就是如果把始暴龙的一颗主要的牙齿从中间截开，平均分成上下两个部分，这个横截面是呈"D"字形的，而其他兽脚类的恐龙都不具有这一特征。

与霸王龙的区别

虽说始暴龙是暴龙科的开创者，与它的子孙霸王龙同属暴龙科，但是它与霸王龙之间还是有很大的差别的。始暴龙的特征是有着较长的脖子、完全得到发展的长长的前肢，

它的头颅骨顶部不像霸王龙那样有冠饰。而且，始暴龙还是兽脚类恐龙中，从比例上来说手掌最长的恐龙之一，而霸王龙的手掌相对来说则短得多。

发掘始暴龙的背景

　　始暴龙是在英国怀特岛郡的植物堆泥床中被发现的。化石遗骸中包括了幼年始暴龙及即将成年的始暴龙的头颅骨、脊骨及其他骨骼。始暴龙在2001年被正式描述，科学家们开始了对它的研究。

| 三叠纪（2亿5000万年前~1亿9960万年前） | 侏罗纪（1亿9960万年前~1亿4550万年前） | 白垩纪（1亿4550万年前~6550万年前） |

恐爪龙——挥舞 "镰刀" 的杀手

　　听，一只腱龙正在惨叫！身长近10米的腱龙居然被两只3米大小的恐龙攻击！这是怎么一回事？原来，这种只有3米大小的恐龙就是恐爪龙，这两只凶恶的恐爪龙正在猎食它们最喜欢吃的腱龙呢。

行动灵活的恐爪龙

　　恐龙曾经在很长时间内被认为是行动缓慢的动物，但是在20世纪70年代，科学家约翰·奥斯特罗姆教授以恐爪龙为例推翻了旧的观念。从恐爪龙的股骨、耻骨、荐骨、肠骨以及脚掌与跗骨等多个部位证明了恐龙的行动是灵活而敏捷的。

死神的镰刀

　　恐爪龙相对于同时期的恐龙来说在身材上并不占优势，但是它的身材缺陷却可以依靠它的利爪来弥补。恐爪龙每只后肢的第二趾都有镰刀状的趾爪，长度约12厘米，而且这些镰刀状的利爪可以旋转300度，能轻易地在猎物身上划出一道道深深的伤口，

并最终取得对手的性命，可以称得上是死神的镰刀。

恐爪龙的捕食行动

　　恐爪龙捕食是用什么方式呢？是单独作战还是群体猎食？科学家们在一个腱龙的肱骨上发现了可能是恐爪龙所留下的齿痕。但是从个头来说腱龙要比恐爪龙大得多，一只恐爪龙是无法猎杀成年腱龙的，所以恐爪龙应该是群体出动猎食腱龙。

棘龙——长着背帆的恐龙

白垩纪早期的陆地上怎么会有撑起的帆呢？那可不是我们平时见到的帆，而是最大的肉食性恐龙之一的棘龙的脊背。

背上的 "帆"

棘龙是一种外形奇特的肉食性恐龙，它身长17米，体重达到9吨以上。这么一个庞然大物，竟然在背上扯起一张大大的"帆"。这张帆是由一连串长长的脊柱支撑，每根脊柱都是从脊骨上直挺挺地长出来的，使得这张奇特的帆完全不能收拢或折叠，只能这样生生地挺立在棘龙的脊背上。

自行降低体温

棘龙和别的恐龙的不同之处就是它可以自行降低体温。科学家推测，当棘龙觉得热的时候，它会站在阴凉处，将血液储存在背上的帆的皮肤内，血液在背上冷却后，再流回身体其他部位，这样就凉快多了。

吃鱼的恐龙

棘龙的颅骨的构造类似重爪龙，它的口中布满了圆椎状牙齿，牙齿上面缺乏锯齿，并且相对较少，所以棘龙可能也有猎食鱼类的习性。

三叠纪（2亿5000万年前~1亿9960万年前）	侏罗纪（1亿9960万年前~1亿4550万年前）	白垩纪（1亿4550万年前~6550万年前）

寐龙——鸭子一般大小的恐龙

嘘，这只恐龙睡着啦，不要把它吵醒。没错，这只熟睡的如鸭子一般大小的恐龙就是在我国辽宁省发现的寐龙。它是至今为止世界上发现的最小的恐龙。

名字最短的恐龙

寐龙的学名是Mei，单一个"寐"字。它的学名是所有恐龙中最短的，比公认的名字很短的澳洲敏迷龙（学名Minmi）以及蒙古的可汗龙（学名Khaan）还要短。

"睡美人"

科学家从未发现过呈睡姿出现的恐龙，也许当火山爆发时，有毒的气体使这只寐龙窒息而亡，于是它姿态完好地在地下保存了1.3亿年，被发现时仍蜷缩着身子，如同睡美人一般。寐龙的标本相当完整，仍然保持着它立体的形态：后肢蜷缩在身下，面部伏在其中一只前肢之上，就好像现代的鸟儿

三叠纪（2亿5000万年前~1亿9960万年前） | 侏罗纪（1亿9960万年前~1亿4550万年前） | 白垩纪（1亿4550万年前~6550万年前）

睡觉时的姿势。这个姿势证明了鸟类与恐龙之间存在行为共同点，说明了它们之间有着千丝万缕的关系。

鸭子大小的食肉恐龙

　　寐龙很小，只有鸭子一般大，但是很多人很奇怪为什么这么小的恐龙居然也会是肉食性恐龙。其实寐龙虽然很小，但是它的化石骨骼的特点证明了它的确是肉食性的兽脚类恐龙，所以即便是这么小的恐龙，也依旧是肉食性恐龙。

皱褶龙——"微笑"的恐龙

这只恐龙看起来可真老啊，它的脸上布满了皱纹，年龄一定很大了吧？其实并不是这样的，它是皱褶龙，我们觉得它有些老只是因为它长着一张长满皱纹的脸。

奇特的骨头

你知道皱褶龙是以什么闻名于世的吗？居然是它鼻子上和两眼间的骨头。因为皱褶龙的头部的两侧各有7个洞孔，这些洞孔上装饰着厚重的骨头，这些骨头让皱褶龙看起来像是头顶着什么冠饰，如此奇特的样子，当然要归功于它头顶奇特的骨头了。

软弱的头

很多恐龙都是凭借着自己坚硬的头部来攻击别的恐龙，但是皱褶龙却不是这样的。皱褶龙的头部有很多血管，而且它的颅骨宽而短，这些会使它的头部变得很脆弱，所以皱褶龙没有办法用头部来进行打斗。

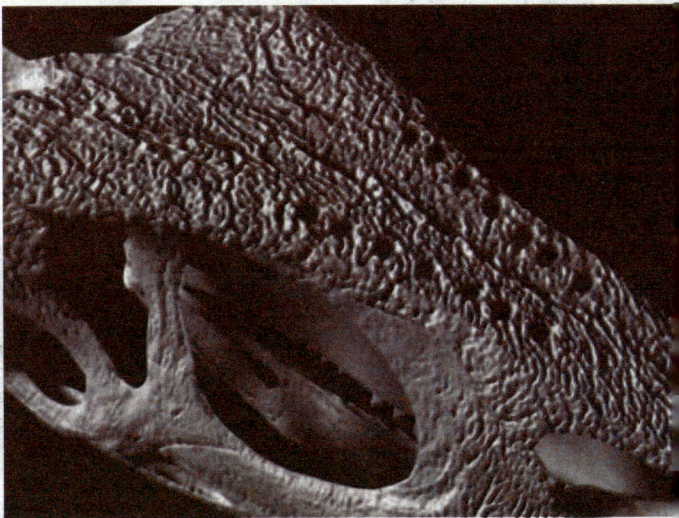

微笑的恐龙

看着皱褶龙的脸你是不是觉得它很友好呢？你可千万不要被它迷惑了，它可是肉食性恐龙！我们看着皱褶龙好像在笑，似乎很友好的样子，其实那只是因为它的上颌是向上弯曲的。

三叠纪（2亿5000万年前~1亿9960万年前）	侏罗纪（1亿9960万年前~1亿4550万年前）	白垩纪（1亿4550万年前~6550万年前）

57

慢龙——慢吞吞的恐龙

　　这家伙的行走速度可真慢，它的名字可真不是白得的。在这弱肉强食的史前时代，它居然还能如此悠闲。唉，其实并不是它悠闲，而是它的身体构造就是这样，只能慢吞吞地行走。它就是慢龙。

奇特的慢龙

　　慢龙生活在距今9300万年前的晚白垩纪，它体长约6~7米。慢龙的化石发现于蒙古南戈壁省和东戈壁省。它是一种非常奇特的两足行走的恐龙，目前被归入蜥脚类，但它同时具有兽脚类、原蜥脚类和鸟臀类的某些特征，与现今最大的鳄鱼差不多。

分类的疑惑

一直以来，古生物学家都认为慢龙是一种兽角类恐龙。但随着研究的不断深入，他们却对这种恐龙感到越来越疑惑，尤其是慢龙骨盆的出现，更让他们对慢龙的分类产生了疑问。因为慢龙骨盆上的特征居然与鸟臀目恐龙相同。慢龙究竟属于哪一类恐龙呢？古生物学家们也百思不得其解。

慢吞吞的行走

慢龙的速度在恐龙的世界里实在不敢恭维，因为慢龙的大腿比小腿长，足部短宽，不能像其他兽脚类那样快速奔跑和捕食活的动物，所以它只能行走，最多慢跑。它应该经常懒洋洋地在史前时代缓慢地踱步，悠闲极了。

三叠纪（2亿5000万年前~1亿9960万年前） | 侏罗纪（1亿9960万年前~1亿4550万年前） | 白垩纪（1亿4550万年前~6550万年前）

生活方式

　　关于慢龙的生活方式，科学家众说纷纭。一种观点认为，慢龙以蚁为食，它有力的前肢和长长的爪子可以轻易地挖开蚁巢取食，类似于现今南美的大食蚁兽；另一种观点认为，慢龙在水中捕食，因为曾在慢龙化石附近发现一串具蹼的4趾脚印，人们认为这可能是慢龙留下的，有蹼说明慢龙会游泳；第三种观点认为慢龙吃植物，因为无齿的喙、具脊牙齿、两颊具颊囊，都说明它可以很有效地啮食叶子并切成碎片，而且它的趾骨有向后的特征，可以使它腹部有更大的空间，并且可容纳消化植物所需的很长的肠子。如果第三种观点正确，那么慢龙应该是一种极为特殊的吃植物的兽脚类恐龙。

鸟面龙——长羽毛的恐龙

　　咦，那只"鸟"跑得还挺快，但是它怎么不飞行呢？哈哈，它可不是什么"鸟"，虽然它身上覆盖着一层羽毛，但它是一只真真正正的恐龙。

像鸟的恐龙

　　鸟面龙，又名苏娃蒙古古鸟，是一属很像鸟类的兽脚亚目恐龙，生存于上白垩纪的蒙古。鸟面龙属于阿瓦拉慈龙科，这是一类小型的虚骨龙类，特征是有着强壮的并且专门用来挖掘泥土的前臂。

三叠纪（2亿5000万年前~1亿9960万年前）	侏罗纪（1亿9960万年前~1亿4550万年前）	白垩纪（1亿4550万年前~6550万年前）

前肢与后肢

鸟面龙是小型及轻巧的动物，约只有60厘米长，是已知最小型的恐龙之一。鸟面龙的后肢修长，但是脚趾很短，可见它可以奔跑。虽然鸟面龙原先被认为前肢只有一指，但新的标本显示它有退化的第二指及第三指。鸟面龙可能利用前肢来挖开昆虫（如白蚁）的巢，而细长的嘴部则用来吸食昆虫。蚂蚁及一些白蚁类是在白垩纪演化出现。

鸟面龙化石

鸟面龙的化石是于1998年在乌哈托喀发现的。这个地方的地层被认为是属于8千万年前的。这就表示8千万年前的鸟面龙与迅猛龙及原角龙比邻而居。

长着羽毛

　　鸟面龙是一种有直接证据证明它有羽毛的恐龙。它的模式标本被小型、空心、管状的结构所包围，就像是现今鸟类羽毛的羽轴。虽然这些结构已严重变质及保存较差，但生物化学的研究显示这些结构包含了会衰变的 β 角蛋白，明显地缺乏 α 角蛋白。我们可以在所有鸟类及爬行动物的外皮细胞中发现 β 角蛋白，而只有鸟类羽毛中是完全没有 α 角蛋白的。这些发现显示鸟面龙的身体表面应该是覆盖着一层羽毛的。

奇·思·妙·想 🔍

　　恐爪龙最喜欢的食物是腱龙，那么腱龙到底是什么样子呢？现在，就请你自己动手去翻翻资料，或者问问老师，看看腱龙究竟是一种什么样的恐龙，然后把你的发现写下来。

●　●　●　●　●　●　●　●　●

_____

_____

_____

_____

_____

鲨齿龙——"摆架子"的凶恶恐龙

这只恐龙可真大啊，它的身长居然有13米这么长！它虽然没有霸王龙那么大，但是，它也能排进世界巨型恐龙行列了。别不相信，人们还经常把它拿出来和霸王龙相比较呢。

鲨齿龙与霸王龙

人们曾经认为鲨齿龙的大小和霸王龙差不多，但后来科学家们发现鲨齿龙的体型要小一点。鲨齿龙的颅骨比霸王龙要轻，但是它的撕咬速度却更快，牙齿更锋利，更适宜切割猎物。所以它虽然体型没有霸王龙大，但是捕食条件却比霸王龙要好一些。

三叠纪（2亿5000万年前~1亿9960万年前）	侏罗纪（1亿9960万年前~1亿4550万年前）	白垩纪（1亿4550万年前~6550万年前）

鲨鱼一般的牙齿

鲨齿龙长得并不像鲨鱼，它的得名完全要归功于它的牙齿。鲨齿龙的牙齿呈三角形，并不像其他的兽脚类恐龙的牙齿那样向后弯曲，而是像鲨鱼那样有着一口类似餐刀、有很明显的纹路的牙齿。是不是很稀奇呢？

"摆架子"

鲨齿龙曾经被称为世界上最难见到的恐龙之一，为什么这么说呢？因为早在1931年科学家们就把它命名为"鲨齿龙"了，但是，直到64年后的1995年，科学家们才看到了它的真面目，所以，它可真算得上是架子最大的恐龙呢。

一波三折的鲨齿龙头骨

1944年4月24日，纳粹空军在第二次世界大战中野蛮地炸掉了一具令他们感到莫名其妙的鲨齿龙头骨化石。战后，为了修复被损坏的鲨齿龙头骨，美国古生物学家决定深入非洲去搜寻别的鲨齿龙头骨来做参考，1995年终于在撒哈拉大沙漠中找到了另外一个鲨齿龙头骨。

阿贝力龙——谜一般的恐龙

你可千万别招惹了那边的那一只恐龙。它虽然看似普通，但是它可大有来头呢！它的凶残程度一点也不输给霸王龙，它就是阿贝力龙！

名字的由来

阿贝力龙的名字意思是"阿贝力的蜥蜴"，这是为了纪念发现第一具阿贝力龙标本的罗伯特·阿贝力。罗伯特·阿贝力是阿根廷的西波列蒂省立博物馆的前馆长，也是他将这具阿贝力龙标本摆放在了博物馆里的。

异常有力的颌部

阿贝力龙的颌骨长得很高，而且颌部的肌肉异常有力，所以它可以迅速地咬住猎物，而猎物往往还没有反应过来就已经被它死死地咬住了。有着这样有力颌部的恐龙，当然会让别的恐龙望而生畏了。

神秘面纱

虽然阿贝力龙被发现得较早，但是它却依旧是一个谜。为什么呢？因为到现在为止，阿贝力龙的化石还只发现了一个长达1米的颅骨，所以科学家们到现在仍然不知道阿贝力龙究竟有多大，只盼望着有一天能揭开它的神秘面纱。

三叠纪（2亿5000万年前~1亿9960万年前）	侏罗纪（1亿9960万年前~1亿4550万年前）	白垩纪（1亿4550万年前~6550万年前）

艾伯塔龙——令人不解的前肢

　　咦？这就是恐怖的霸王龙吗？但是这时候的地球上应该还没有霸王龙出现吧？别担心，它可不是霸王龙，它是霸王龙的近亲——艾伯塔龙。艾伯塔龙虽然也是肉食性恐龙，但是可没有霸王龙那么残暴哦。

霸王龙的双胞胎

　　霸王龙出现后，艾伯塔龙就不得不背上"残暴"的罪名。这可真是冤枉死了。唉，谁让这两种恐龙长得像双胞胎一样呢？但是其实它们俩还是有一些区别的。因为艾伯塔龙出现得比霸王龙早一些，它的身材比较小，腿部又长，而且没有霸王龙那么强壮，也没有霸王龙那么高大，所以还是可以区分出来的。

三叠纪（2亿5000万年前~1亿9960万年前）	侏罗纪（1亿9960万年前~1亿4550万年前）	白垩纪（1亿4550万年前~6550万年前）

艾伯塔龙的前肢

在某种程度上来说，艾伯塔龙长得还有些"畸形"。因为它虽然有着强壮有力的后肢，但是相比之下它的前肢就有些太不搭调了。艾伯塔龙的前肢又细又短，虽然长着两趾，但是根本无法把食物送入口中，更别提用前肢去进行攻击了。所以科学家们到目前为止还不清楚它的前肢到底有什么作用。

蛇发女怪龙

1913年，古生物学家查尔斯·斯腾伯格在艾伯塔省较早的地层发现了一个恐龙骨骼。这个恐龙在1914年被命名为蛇发女怪龙。但是考古学家戴尔·罗素研究后发现蛇发女怪龙与艾伯塔龙只有细小的分别，所以在1970年指出蛇发女怪龙是艾伯塔龙的异名。这项发现使得艾伯塔龙的时代推前了几百万年，并把艾伯塔龙的地理位置向南推移了几百千米。

霸王龙——恐龙中的暴君

霸王龙来啦，大家快跑啊！恐龙们奔走相告，不为别的，只是因为这个恐龙帝国里最凶恶的家伙出现了。如果想活命，就赶快逃跑吧，否则一不留神就会变成这位残暴的君王口中的晚餐了。

难以置信的霸王龙

霸王龙是生活在地球上的最大型的肉食性恐龙之一。它是最晚出现的肉食性恐龙，但是它却丝毫不亚于它的"前辈们"。霸王龙有60个锯齿状边缘的利牙，有些牙齿甚至达到了14厘米。它还有硕大的上下颚，头颅长达1.37米。霸王龙或许能够一口吃下一整个人——假若那时候周围真有我们人类存在的话。

食肉机器

霸王龙就像是一台食肉机器。它在恐龙世界中的"暴君行为"可真是名不虚传。因为它那硕大颚骨赋予了它惊人的咬力，所以只要它张开大口，把猎物狠狠地咬住，用尖利的牙齿

三叠纪（2亿5000万年前~1亿9960万年前）　侏罗纪（1亿9960万年前~1亿4550万年前）　白垩纪（1亿4550万年前~6550万年前）

撕扯着，恐怕任何一只恐龙面对这样的情况，也只有死路一条了。

敏捷还是缓慢 ▶

到现在为止，科学家们仍然置疑的一个问题就是：霸王龙是动作敏捷的掠食性恐龙还是动作迟缓的食腐恐龙呢？认为它行动敏捷的人觉得霸王龙的双颚足以让它胜任积极狩猎的这份工作。但是也有人认为行动敏捷的掠食者的视觉系统应该是最发达的，可是霸王龙并不是这样，相反，它的嗅觉最发达，而嗅觉发达，应该是动作迟缓的食腐动物的必备条件。究竟是敏捷还是缓慢，到现在还没有定论。

3

恐龙中的素食主义者

黑水龙——来自巴西的古老朋友

距今2.25亿年前的三叠纪末期，最古老的草食性恐龙悠闲地散着步。它很温顺，看上去完全没有同时期的始盗龙那样的凶狠，这就是黑水龙，来自三叠纪末期的朋友。

完美的"古董"

虽然黑水龙是目前已知的最古老的恐龙之一，但是它的化石却保存得非常好。在巴西南部被发掘出来时，它虽然不是一整套骨架，但与其他的恐龙化石相比，它的完整程度相当高，而且大部分骨头都保持在基本的位置上，完全称得上是完美的"古董"。

发现背景

　　巴西古生物学家在巴西南部的晚三叠纪地层发现了距今2.25亿年前的一种草食性恐龙。这个重要的发现刊登在2005年12月2日出版的美国的杂志上。同日，巴西里约热内卢联邦大学也为此召开了新闻发布会，会上展出了该恐龙的化石与模型。化石的研究者莱亚尔教授将这个新发现的恐龙物种命名为黑水龙，这是根据化石发现地的地名来命名的，意为黑水流淌的地方。

近亲的迁徙

　　黑水龙的近亲是最早的巨型原蜥脚类恐龙——板龙。但是板龙却生活在现代欧洲所在的地方，而黑水龙是生活在巴西的。所以科学家们推测，板龙很有可能是在三叠纪末期从巴西迁徙到了欧洲。

三叠纪（2亿5000万年前~1亿9960万年前）	侏罗纪（1亿9960万年前~1亿4550万年前）	白垩纪（1亿4550万年前~6550万年前）

蜀龙——蜀地发现的恐龙

怎么回事？这只恐龙居然有"武器"？这么大的"流星锤"，看起来真吓人！那可不是什么武器，而是尾巴。你可别被它的尾巴吓到了，它可是温顺的草食性恐龙。没错，它就是我们要找的蜀龙。

慢吞吞的蜀龙

蜀龙走路可真够慢的，因为它的前肢要比后肢短许多，而且身体又笨重，再加上蜀龙又习惯用四肢行走，所以，它行动起来特别缓慢，估计和我们现在的乌龟速度差不多。这样的速度，在危机四伏的恐龙世界里，是非常危险的。

秘密武器

蜀龙慢吞吞的速度让它在恐龙的世界中很危险，但是它并不因此而害怕，因为，它有一件秘密武器——尾锤。原来，蜀龙的尾巴末端有一个大锤状的尾锤，就像我们见过的"流星锤"。危险来临了，只要蜀龙挥动尾锤，狠狠地朝敌人砸去，敌人就只有抱头逃窜了。要是真有不怕死的上前挑衅，蜀龙一锤下去就能听到那不怕死的家伙的惨叫声了。

蜀龙的牙齿

我们人类只有30多颗牙齿，但是蜀龙却有60多颗牙齿。其中前颌齿有4颗，颌齿有18颗，左右臼齿却有21颗之多呢。这些牙齿有圆形和勺状两种。有些勺状的牙齿又窄又长，边缘没长锯齿，结实又好用。蜀龙的好胃口可全靠它的这一口特殊的牙齿呢。

三叠纪（2亿5000万年前~1亿9960万年前）｜侏罗纪（1亿9960万年前~1亿4550万年前）｜白垩纪（1亿4550万年前~6550万年前）

近蜥龙——"命苦"的恐龙

肉食性恐龙来啦，这只恐龙怎么还跑得这么慢啊？难道它不怕被吃掉吗？其实不是不怕，而是自身条件制约着，所以这只恐龙想逃也逃不掉。这只命苦的恐龙就是我们今天要介绍的朋友——近蜥龙。

小个子恐龙

你可能觉得奇怪，近蜥龙身长2米多，怎么还说是小个子的恐龙呢？其实，这个说法是相对来说的，蜥脚类恐龙在侏罗纪、白垩纪时期进化得越来越大，甚至长达20多米，所以在蜥脚类恐龙中，近蜥龙2米多的体型真的算是比较小的。

容易被猎食的恐龙

就某些方面来说，近蜥龙可真算得上是"命苦"，为什么这么说呢？这是因为近蜥龙身材比较小，体重也只有35千克，它只能吃接近地表的低矮植物。而且近蜥龙的拇指上长的爪子作用不大，牙齿也很钝，跑的速度也不快，无法逃脱同时期的食肉者的追捕，所以近蜥龙因为自身条件的制约成为了"命苦"的恐龙。

近蜥龙的脸颊

近蜥龙到底有没有脸颊呢？有的古生物学家认为近蜥龙不存在脸颊，这样有利于它摄取和大口吞食食物；而解剖学专家认为近蜥龙是有脸颊的，脸颊的存在方便近蜥龙留住食物进行咀嚼。到底有没有脸颊，我们只有等到决定性的证据出现的那天了。

三叠纪（2亿5000万年前~1亿9960万年前）	侏罗纪（1亿9960万年前~1亿4550万年前）	白垩纪（1亿4550万年前~6550万年前）

小盾龙——身披铠甲的小恐龙

小盾龙可是恐龙家族中标准的"乖宝宝"，因为它很温顺，以吃植物为生。而且小盾龙只有1米左右长，长得小巧玲珑，很招人喜爱呢。

资历最老

小盾龙是恐龙世界中覆盾甲龙亚目一族的成员。你别看它长得小巧，但它在这个家族中的地位却是很高的。因为小盾龙是出现最早的覆盾甲龙亚目的恐龙，被誉为覆盾甲龙亚目的祖先之一。它是家族中的长者，资历算得上最老呢。

无敌铠甲

别看小盾龙小，它可威武着呢，身披一层厚厚的"铠甲"。为什么会有铠甲呢？因为小盾龙的背部覆盖着骨质突起，有一些是扁平的，还有一些呈脊状，虽然这些骨块之间有一定的距离，但是如果有兽脚类的恐龙想撕咬小盾龙，至少要被磕掉几颗大牙呢。这可真是无敌的铠甲。

三叠纪（2亿5000万年前~1亿9960万年前）	侏罗纪（1亿9960万年前~1亿4550万年前）	白垩纪（1亿4550万年前~6550万年前）

长长的尾巴

小盾龙身形小巧却有着一根长长的尾巴。这么长的尾巴其实有它的妙用。当小盾龙遇到危险奔跑起来，它那长长的尾巴灵活地调整着平衡，可以让小盾龙跑得更稳更快。所以很多恐龙想抓它都难。

小盾龙与腿龙

腿龙和小盾龙很像，也是身材小巧，身披铠甲。虽然它们长得很像双胞胎，但是腿龙只能爬行，而小盾龙却可以用后肢行走奔跑，这就是它们的不同。

迷惑龙——传说中的"雷龙"

远古时代的一天午后，安静的森林里突然传来了"轰、轰"的声音，由远而近，好像雷声一样沉重。然而，天上除了飘浮的朵朵白云外，什么也没有。原来这不是天上的雷声，而是从森林里走出来的一只恐龙发出的声响。它的脚步沉重，声音巨大，每踏一步，就发出一声"轰"响，好似雷鸣一般，它就是迷惑龙。

雷龙与迷惑龙

迷惑龙曾经有一个广为人知的名字是"雷龙"，那现在为什么叫迷惑龙呢？1877年，考古学家发现了一个非常大的恐龙胫骨，这令他们十分迷惑，所以把它命名为"迷惑龙"。1883年，另一群研究者发现几个零碎的恐龙骨骼化石，推测这种恐龙体型巨大，行进时可能如雷声隆隆，故取名雷龙。后来发现迷惑龙与雷龙是同一种生物，但是依据古生物学的命名优

三叠纪（2亿5000万年前~1亿9960万年前） 侏罗纪（1亿9960万年前~1亿4550万年前） 白垩纪（1亿4550万年前~6550万年前）

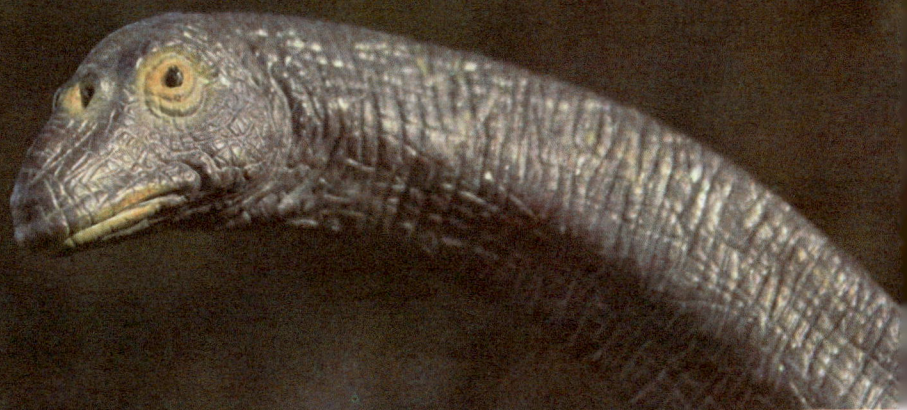

先权，迷惑龙命名在先，所以取消了雷龙的命名，正式更名为
"迷惑龙"。

勇敢的迷惑龙

　　你可别小看迷惑龙，它虽然是温和的草食性恐龙，但是
它面对危险时也很勇敢，这都要归功于它的爪子。迷惑龙的前
肢仅有拇指上长着爪，但是这两个爪强壮有力，足以把猎食者撕成两半。所以健康的成年迷惑龙几乎不惧怕任何猎食者。

潜伏者

迷惑龙是一位真正的"潜伏者"了，它会潜入沼泽里，只露出脑袋，而水中的浮力不但能减轻它身体的沉重负担，借此它还能躲开异特龙等残暴的肉食性恐龙的袭击。可见潜伏真算得上是一举两得呢。

反应真慢

迷惑龙的反应极慢。举个例子来说，如果你踢了它屁股一脚，那么也许半小时之后它才会回过头问你踢它干什么。这也许是因为迷惑龙实在是太大了，所以感觉神经并不是很发达的缘故吧。

　　我们知道恐龙的模样都是由绘图师根据恐龙的骨骼化石来描绘出来的。那么下面给你一副恐龙的完整骨架，你想象一下它的模样，然后画在下面的空白处。

梁龙——长长的桥梁

侏罗纪晚期的丛林里怎么会有桥梁呢？咦，这个桥梁居然动了！过了好半天才发现，哦，原来这不是桥梁，而是梁龙。它的身子就像桥墩，长长的脖子和尾巴就如同架起的桥梁。

比比谁最长

梁龙全长27米，是有史以来陆地上最长的动物之一，它比雷龙、腕龙都要长，但是由于头尾很长，身体很短，因此体重并不重。梁龙的尾巴长度是恐龙帝国中的第一名，但是它的脖子却不是最长的，脖子最长的恐龙是马门溪龙。

呆呆的梁龙

梁龙的脑袋非常小，所以它并不聪明。梁龙是草食性动物，它在吃东西时，从不咀嚼，而是用铅笔状的牙齿将细枝嫩叶撸进嘴里，然后直接吞下去。这样笨笨的连食物都不咀嚼的梁龙难怪会被一些大型的肉食性恐龙捕食呢。

梁龙的"必杀技"

梁龙的尾巴便是它的"必杀技"。它的尾巴轻巧而富有弹性，可以狠狠地挥向肉食性恐龙。电脑模拟实验指出，梁龙的尾巴是非常致命的武器，如果肉食性恐龙被它的尾巴打中，后果相等于被一门海军大炮击中，可以造成严重伤害甚至致命，所以尾巴也可以说是梁龙抵御外敌的秘密武器。

三叠纪（2亿5000万年前~1亿9960万年前）	侏罗纪（1亿9960万年前~1亿4550万年前）	白垩纪（1亿4550万年前~6550万年前）

马门溪龙——身材"苗条"的大恐龙

是不是觉得马门溪龙和梁龙长得很像呢？同样是令人难以置信的体长，同样是小小的脑袋，但是它们之间是有区别的，那就是马门溪龙的脖子要比梁龙的脖子长很多，它是世界上脖子最长的恐龙呢。

命名趣事

1952年，在四川省宜宾的马鸣溪发现了巨大的恐龙化石。当时的负责人杨教授决定用"马鸣溪"来命名这种恐龙。但是杨教授说着一口浓重的陕西话，所以"马鸣溪"被人们听成了"马门溪"。从此，这种大型的恐龙就被人们称为"马门溪龙"了。

马门溪龙的脖子

马门溪龙差不多和一个网球场一样长，但是它的脖子的长度几乎就占去了这个"网球场"的一半，难怪人们说它是世界

上脖子最长的恐龙呢。马门溪龙的脖子是由长长的、相互叠压在一起的颈椎支撑着，因而十分僵硬，转动起来十分缓慢。它脖子上的肌肉相当强壮，支撑着像蛇一样的小脑袋。

马门溪龙的生活

侏罗纪晚期，马门溪龙生活的地区覆盖着广袤的、茂密的森林，到处生长着红杉树。成群结队的马门溪龙用四足行走穿越森林，把又细又长的尾巴拖在身后。这样细长的尾巴不仅仅是为了打退猎食者，还会用来决斗。因为到了交配的季节，雄马门溪龙们会为了争夺雌马门溪龙用尾巴互相抽打决斗。

三叠纪（2亿5000万年前~1亿9960万年前）	侏罗纪（1亿9960万年前~1亿4550万年前）	白垩纪（1亿4550万年前~6550万年前）

圆顶龙——不照顾幼龙的恐龙

我们常说"虎毒不食子"，哪有母亲不爱自己的孩子呢？但是就有这么一种恐龙很特殊，它并不照顾自己的幼龙，只顾自己。这种自私的恐龙就是圆顶龙。

最常见的恐龙 ➤

圆顶龙分布在美国西部，它的相貌普通，是侏罗纪晚期最常见的蜥脚类恐龙。圆顶龙的特别之处在于：它的牙齿居然有16厘米长，这么长的牙齿比最有名的肉食性恐龙霸王龙的牙齿还要长呢。

圆顶龙的脑袋 ➤

圆顶龙的拱形头颅骨是其名字的由来。它的头颅骨短而高，十分有特点。人们曾经认为圆顶龙有两个大脑，因为它的脊髓在臀部附近扩大，所以有些古生物学家原先相信在臀部扩大的脊髓这里很可能是圆顶龙用来调节身体动作的第二个脑部，但是现在的研究者们认为虽然在这个位置上可能有着很多的神经，但是却不是脑部。

三叠纪（2亿5000万年前~1亿9960万年前） | 侏罗纪（1亿9960万年前~1亿4550万年前） | 白垩纪（1亿4550万年前~6550万年前）

不做窝的恐龙

　　圆顶龙是群居动物，它们的蛋被发现时都是成一条线状的，这说明圆顶龙不做窝，而是一边走路一边生小恐龙，所以生出来的恐龙蛋形成一条线，并非整齐地排列在巢穴之中，由此可以想象得到圆顶龙并不照顾它们的幼龙。

剑龙——背上奇怪的骨板

说到剑龙，世界上可能没有几个人不知道吧。它脊背上长着的特殊骨板给所有见过它的人留下了深刻的印象。剑龙就像霸王龙、三角龙一样，经常出现在书籍、漫画或是电视、电影当中。

剑龙的身材

剑龙身长9米，身高方面加上骨板的话能达到3.5米，它的躯干部分跟现在的大象差不多。但是剑龙的前肢比后肢短。所以当它四肢着地行走的时候，就好像是一座小山在移动，再加上背上个性的骨板，走起来威风凛凛的。

骨板的作用

剑龙身上最有名的莫过于脊背上那17块巨大的骨板了，这些都是专门为了抵御它的敌人异特龙等肉食性恐龙而打造的。剑龙无法奔跑，所以只能靠这一身铠甲保护自己，坚硬的骨板就是它防御攻击的最主要手段。

剑龙的小脑袋

剑龙的命名者奥斯尼尔·查尔斯·马许，曾经在19世纪80年代获得一具保存完好的颅骨，从这具颅骨可以看出剑龙的脑容量非常小，可能是所有恐龙中最小的一个。它的脑容量不比狗的脑容量大，与它的整个身体相比，就显得更渺小了。

三叠纪（2亿5000万年前~1亿9960万年前）	侏罗纪（1亿9960万年前~1亿4550万年前）	白垩纪（1亿4550万年前~6550万年前）

重龙——罕见的恐龙

"咚、咚、咚"，远处传来巨大的走路声，是巨人来了吗？别怕，是重龙。重龙是侏罗纪时期的大型恐龙之一，它也是梁龙家族中最罕见的成员之一。

脖子与心脏

重龙那长长的脖子里的骨头是空的，而且很轻，这就意味着它抬起头来吃东西很容易。有一些科学家认为，因为重龙的脖子很长而且骨头中空，所以它每次抬起头来只能持续短短的一段时间，否则，血液可能停止流向大脑，因为重龙的心脏离它的头非常远。也有一些科学家认为重龙可能有几个心脏，以使血液流遍它巨大的身体。

重龙与圆顶龙 ➤

　　重龙与圆顶龙都是大型恐龙，而且生活同一时期同一个地方，那么它们不会为了争夺食物而打架吗？不会的，因为重龙与圆顶龙不同，它只吃柔软的食物，而圆顶龙却只吃纤维更多的粗硬植物。因此尽管重龙与圆顶龙生活在同一地区，但它们不会因为食物而竞争。

三叠纪（2亿5000万年前~1亿9960万年前）	侏罗纪（1亿9960万年前~1亿4550万年前）	白垩纪（1亿4550万年前~6550万年前）

重龙的自我保护

重龙身材巨大、脖子长长的，看起来很笨重，但是它很会保护自己哦。重龙长着一条很长的尾巴，尾巴挥动起来，可作为防御敌人的武器。此外，重龙过着群居的生活，群体的力量也有助于它们抵御追捕者的进攻。

重龙的体重

重龙究竟有多重？到现在为止，人们通过对它的少数骨骼化石的研究后，只知道它身长26米，却无法弄清楚它到底有多重。重龙的体重问题，只有等待着新的考古发现为我们解答了。

　　草食性恐龙生性温顺，而且身材魁梧，看起来酷极了。如果给你一个机会，你可以饲养一只草食性恐龙，那么你会饲养哪种恐龙呢？要怎么饲养呢？把你的想法写在下面吧。

奥古斯丁龙——脊背上的"大钉子"

　　这只恐龙恐怕是我们见过的最奇怪的恐龙了，背上长满了"钉子"，尾巴上还有棘刺，长得真像剑龙、甲龙、豪猪的结合体！这就是长相怪异的奥古斯丁龙，很有意思吧？

长满骨钉的脊背

　　奥古斯丁龙的身体上覆盖着类似"铠甲"的骨化皮肤，皮肤上面长有骨质突起——背部有两排向外生长的骨钉，有些骨钉的长度甚至达到了75厘米。这些奇怪的骨钉让奥古斯丁龙的脊背看起来非常怪异，它们有什么作用呢？

没有归宿的恐龙

在恐龙世界里，每只恐龙都有自己的家族，家族就是它们的归宿。但是奥古斯丁龙却没有。因为奥古斯丁龙的化石过于碎裂，难以被分类。由于它同时有梁龙科及泰坦巨龙科的特征，也同样是生活在白垩纪早期的阿根廷，所以奥古斯丁龙有很大可能是属于其中之一。

怪异的长相

到目前为止，人们对奥古斯丁龙的认识仅仅来源于它的部分骨骼化石，也许在发现了更多奥古斯丁龙的化石后，它的样子会比现在还要怪异呢。

三叠纪（2亿5000万年前~1亿9960万年前） 侏罗纪（1亿9960万年前~1亿4550万年前） 白垩纪（1亿4550万年前~6550万年前）

包头龙——戴面具的恐龙

对面走过来了一只恐龙，它不仅身披铠甲，更让人疑惑的是它居然带着"面具"！样子虽然有些奇怪，但是威武极了。看来它就是我们要找的包头龙了。

无敌铠甲

铠甲是包头龙的防御用具。它那武装到脸颊的铠甲，真是让猎食者无奈极了，因为猎食者无法攻克它那坚实的铠甲。遇到攻击时，包头龙只需卧倒在地就能化险为夷，露在外面的只有谁也咬不穿的铠甲。

尾巴的威力

前面说了包头龙的防御，现在来说说它的攻击力。包头龙尾巴后面几块骨头融合在一起，外面还包着一层骨质物，形成了一个巨大的尾锤。别小看这尾锤的威力，你要知道，连霸王龙都会恐惧这个尾锤。因为如果一只成年包头龙挥动它的尾巴，完全可以击碎霸王龙的膝盖。所以说这尾巴的威力真是可怕呢。

群居的包头龙

1988年，科学家们发现了22头幼体包头龙在一起的化石。所以人们猜测，也许包头龙喜欢群居，和亲人朋友们一起生活，一起防范敌人。

三叠纪（2亿5000万年前~1亿9960万年前）	侏罗纪（1亿9960万年前~1亿4550万年前）	白垩纪（1亿4550万年前~6550万年前）

雷利诺龙——大眼睛恐龙

真冷啊……这样的冰天雪地里，不可能有动物出没吧？等等，那是什么？只见一个小家伙飞快地跑过去，令人印象深刻的是它那一双大大的眼睛。啊，它是雷利诺龙。

大大的眼睛

雷利诺龙生活在白垩纪早期的澳大利亚，那时的澳大利亚是位于南极圈内的。雷利诺龙一年中会有六个月生活在黑暗的环境里，为了适应这样的环境，它就进化出了大大的眼睛，这样的大眼睛有助于它在黑暗的环境中活动。

雷利诺龙的交配时间

动物的交配行为通常会因为温度的细微变化而诱发，那么在南极的恐龙最有可能的交配时间，应该是在长达两个月的极夜现象将结束的初春。这个时候日夜交替即将开始，所以如果在这个季节交配，那么就可以让雷利诺龙宝宝在冬天来临之前长大。

难以维持的体温

雷利诺龙很小，仅有1米长，这样的身长对于白垩纪早期的恐龙来说是非常小的。不仅如此，雷利诺龙的身体很难保持温暖。而从雷利诺龙生存的环境来看，它必须得抵抗严寒。那么很难保持体温的它是怎样在当时严寒的澳大利亚生活的呢？到现在还没有得出一个结论。

三叠纪（2亿5000万年前~1亿9960万年前）	侏罗纪（1亿9960万年前~1亿4550万年前）	白垩纪（1亿4550万年前~6550万年前）

禽龙——最早被发现的恐龙

看到了禽龙，你一定会说："我见过它！"很多电影和动画片中我们都可以看到禽龙的身影。这是因为禽龙是世界上最有名的恐龙之一，而且它还是世界上最早被发现的恐龙呢。

禽龙进食之谜

到现在为止，科学家们对于禽龙究竟是如何进食的，还没有达成共识。因为禽龙不像任何现有的爬行动物，它的下颚的连接处缺少牙齿。于是有的科学家提出了禽龙拥有可用来勾取食物的舌头的看法，但是更完整的化石却否定了这个说法，所以禽龙究竟如何进食，仍是一个谜。

丰富的"旅行"经验

禽龙热衷"旅行"，有着丰富的"旅行"经验，因为它们很可能是分布最广的恐龙，在非洲、北美洲、亚洲、欧洲，甚至在遥远的北极地区都曾经发现过它们的化石。

三叠纪（2亿5000万年前~1亿9960万年前	侏罗纪（1亿9960万年前~1亿4550万年前）	白垩纪（1亿4550万年前~6550万年前）

真相不明的牙齿

　　著名的化石发现者吉迪恩·曼特尔的妻子玛丽·安·曼特尔最早发现禽龙的牙齿化石。但是在当时，吉迪恩·曼特尔却认为那是一种已灭绝的蜥蜴的牙齿，而当时的科学家们却说那是犀牛的牙齿。后来经过研究才知道那是真正的禽龙牙齿。

禽龙的感官系统

　　禽龙的感官系统非常好，尤其是负责嗅觉和味觉的脑部神经进化得很好，所以，禽龙的嗅觉和味觉异常敏锐，也许能够嗅出藏匿的猎食者和远处可口的植物。这样的感官系统可以让它们远离危险，而且能够很好地填饱肚子。

快·问·快·答

上一次的"快问快答"你是不是答题冠军呢？不要骄傲哦，这一次的"快问快答"要继续努力哦。

1. 黑水龙的取名来源于什么？

   _____

2. 蜀龙是在哪里发现的？

   _____

3. 小盾龙和腿龙的不同之处是什么？

   _____

4. 迷惑龙曾经还有一个名字叫什么？

   _____

5. 世界上脖子最长的恐龙是什么恐龙？尾巴最长的又是什么恐龙？

   _____

6. 圆顶龙的牙齿有多长？

   _____

辽宁龙——腹部装甲

哇，这只恐龙长得挺像包头龙啊，身穿"铠甲"的恐龙可真厉害！哈哈，再这么说下去，这只恐龙就要骄傲啦。它就是来自中国的辽宁龙，真酷哇！

幼体辽宁龙

辽宁龙是白垩纪的一种在某些方面来说不寻常的甲龙下目恐龙，因为它的标本是一组完整的幼体骨骼，这可是非常难得的。这组幼年骨骼呈天然状态，约有34厘米长，是已知最小型的甲龙下目恐龙。

不同之处

　　辽宁龙与其他甲龙下目恐龙的不同之处在于它的颚骨仍保有外孔洞，眶前孔仍可能存在。另一个独特的地方是它有腹部装甲，甲板呈六角形及菱形，这是其他甲龙下目所没有的。

义县地层

　　辽宁龙是在中国辽宁省义县的地层中被发掘出来的，所以以辽宁省的省名命名。在同一地层中，古生物学家们还发现了长羽毛的恐龙化石。义县底层也因为化石保存良好而闻名于世。

三叠纪（2亿5000万年前~1亿9960万年前）	侏罗纪（1亿9960万年前~1亿4550万年前）	白垩纪（1亿4550万年前~6550万年前）

肿头龙——长相奇特的恐龙

这是怎么一回事？是谁揍了这只恐龙了吗？要不然它怎么会肿着脑袋呢？这可冤枉肿头龙了，它才没有打架，它本来就长得是这幅样子罢了。

长相怪异的肿头龙

肿头龙生活在六千七百万年前，主要生活在山地的内陆平原和沙漠中。它的体长超过4米，头顶肿大，好像长着一个巨瘤。肿头龙用两条粗壮的后腿走路，是鸟脚类恐龙的一种。它的脸部与口部饰以角质或骨质突起的棘状物或肿瘤。由于头骨肿厚，肿头龙头骨上的部分孔洞也封闭了，所以它的样子看起来非常怪异。

Pachycephalosaurus

头颅上的奇特骨头

肿头龙头的周围和鼻子尖上都布满了骨质小瘤，有的个体头部后方有大而锐利的刺，它的牙齿很小但很锐利。它的头颅为厚达23厘米厚的骨板覆盖，而头颅背部覆以突起的构造，有一些钉状突起长达13厘米，体长约4.5米。肿头龙的颅骨后面有一个突出的骨质棚，厚度约25厘米，形状像保龄球。肿头龙的颈部短而厚实，前肢短而后肢长，身躯不太大，坚硬的骨质尾巴由肌腱固定，可能十分沉重。

头颅的用处

科学家一度将肿头龙比喻为二足恐龙中的大角羊或麝香牛。肿头龙被认为在求偶季节时，雄性个体会以头互相撞击，以及决定谁占优势，可与群体内的雌性个体交配。肿头龙也被认为以颅顶抵抗掠食者，因为成年个体的头骨无法适当吸收冲击力道，所以不能承受压力与撞击，同时，肿头龙头颅骨没有证据显示有伤疤，或其他损伤。所以现在科学家们认为肿头龙类可能将颅顶使用在这些用途上。

三叠纪（2亿5000万年前~1亿9960万年前）　侏罗纪（1亿9960万年前~1亿4550万年前）　白垩纪（1亿4550万年前~6550万年前）

肿头龙的亲戚

肿头龙是肿头龙下目最著名的物种。肿头龙的亲戚包括：狭盘龙、皖南龙、雅尔龙、饰头龙、剑角龙、平头龙、膨头龙、圆头龙、倾头龙。在肿头龙族中，与肿头龙最亲近的龙是龙王龙与冥河龙，但也有人认为龙王龙与冥河龙可能是肿头龙的未成年体。

戟龙——形似犀牛

快看，那边有一只戟龙正在吃树叶，想不想过去和它打个招呼呢？别害怕，听说戟龙是一种很温顺的恐龙，只要我们不伤害它，它也一定不会伤害我们的。

长相似犀牛

戟龙是种大型恐龙，主要生活于加拿大的艾伯塔和美国的蒙大拿。它身长5.5公尺，高度约1.8公尺，重量约3吨。戟龙拥有短四肢，以及笨重的身体，尾巴却相当短。它还有喙状嘴，以及平坦的颊齿，显示它们是草食性恐龙。戟龙群居生活，多与鸭嘴龙、三角龙、厚鼻龙、尖角龙、腕龙等植食恐龙共栖。

胆大的戟龙

戟龙性格温顺却敢与肉食恐龙对抗，甚至敢反击霸王龙，是很多人喜欢的恐龙。被戟龙的鼻角顶中将会是致命伤，很多时候戟龙不用参战，只需要晃晃满头的尖角就能吓退大多数掠食者。

头上的角

戟龙的头颅非常大，拥有大型鼻孔，头盾上还有4到6个尖角，数量依物种而不同。头盾上4个最长的角，每个几乎跟鼻部的角一样长，约50到55公分。戟龙头盾的较低部分有较小的角，类似尖角龙头盾上的小角。

戟龙的食谱

　　戟龙是草食性恐龙。因为戟龙的头部高度不高，所以它可能主要以低高度植被为食。当然，它们也可能用头角、喙状嘴、以及身体，撞倒较高的植物。戟龙的颚部前端具有纵深、狭窄的喙状嘴，所以人们认为它比较适合抓取、拉扯食物，而非咬合。

戟龙的亲友团

　　戟龙是尖角龙亚科的成员，尖角龙亚科的特征是突出的鼻角、次等大小的额角、短头盾与短鳞骨、高大的脸部、以及往后方辐射的鼻部窝窗。戟龙的亲友团包括：尖角龙、厚鼻龙、爱氏角龙、野牛龙、埃布尔达角龙、河神龙、短角龙，以及独角龙。

阿根廷龙——超巨型恐龙

那只恐龙的身形让我们吃惊得合不拢嘴。我们虽然已经见到了各式各样的恐龙，但是还没有见过白垩纪有如此之大的恐龙。看来它一定就是白垩纪的超巨型恐龙——阿根廷龙了。

巨大的身体

虽然目前仅仅发现了少数几块阿根廷龙的骨骼化石，但是其中包括了长达1.2米的椎骨。根据推测，这种恐龙的体重要超过70吨，身高达到21.4米，这几乎就是5层楼的高度呢。如此巨大的恐龙，在地球上是极其罕见的。

气候的影响

侏罗纪晚期有一段很长的气候稳定期，植物大量生长，所以这些恐龙可以生长得极为庞大。到了白垩纪，由于气候变化的缘故，大部分蜥脚类恐龙都消失了。不过在阿根廷，有一种蜥脚类恐龙不但没有灭绝，而且演化到比侏罗纪时期的祖先更为庞大，这就是阿根廷龙。

三叠纪（2亿5000万年前~1亿9960万年前）	侏罗纪（1亿9960万年前~1亿4550万年前）	白垩纪（1亿4550万年前~6550万年前）

天敌

　　很长一段时间内，人们认为像阿根廷龙这样的超巨型恐龙是没有天敌的。不过，1995年，英国古生物学家在一块较小的阿根廷龙颈骨化石上发现了明显的牙齿咬痕，留下咬痕的就是令人惊骇的南方巨兽龙。科学家们推测南方巨兽龙极有可能采用群体进攻的方式来围攻一只年老或体弱的阿根廷龙。这样看来南方巨兽龙就是阿根廷龙的天敌了。

冥河龙——面目狰狞的恐龙

看到眼前这只恐龙，你是不是也被它的样子吓坏了呢？别害怕，虽然它长得有些恐怖，但是它可是性格温顺的草食性恐龙呢。记住它的名字——冥河龙。

面目狰狞

1983年，美国蒙大拿州的地狱溪发掘出了一具恐龙化石，取出它时就像取出一具地狱恶魔的遗骸一般恐怖。这是一种头颅顶部、后部与口鼻部都有非常发达的骨板与棘状物的神秘恐龙——冥河龙。在所有的化石记录中，冥河龙那繁多的精巧而复杂的头饰使它在同类乃至恐龙世界中都是最面目狰狞的。

头部的圆顶

冥河龙是一种相貌怪异的恐龙。它的头部有一个坚硬的圆顶形骨头，周围布满了锐利的尖刺，看起来似羊非羊，似鹿非鹿。这种奇怪的头饰有什么作用呢？据科学家们分析，这很可能是群体中雄性之间的争斗武器，圆顶可以抵受猛烈的冲撞，角刺则可用来相互碰撞，充当御敌的武器。

冥河龙的保护措施

在冥河龙的栖息地发现了霸王龙等大型掠食性恐龙的化石，这表明群居生活的冥河龙需要建立有效的预警机制——机警而敏捷的冥河龙担任着警戒任务，在掠食性恐龙进犯时保护老弱的同类撤离，甚至要与掠食性恐龙搏斗。

三叠纪（2亿5000万年前~1亿9960万年前）	侏罗纪（1亿9960万年前~1亿4550万年前）	白垩纪（1亿4550万年前~6550万年前）

慈母龙——恐龙中的好妈妈

一只可爱的恐龙宝宝正在围着它的妈妈转，看起来可爱极了。只见恐龙妈妈慈爱地给小恐龙喂食。这么温馨的场景，谁看了不觉得感动呢？那只大恐龙就是标准的好妈妈——慈母龙。

偶然的发现

1978年夏天，考古学家霍纳及好友马凯拉来到美国落基山的丘窦镇勘查化石。他们与当地的石头小店的店主布联多老太太聊了起来。布联多老太太觉得眼前两个小伙子有点学问，便拿出了一个咖啡罐，说里面有一些前几天在蛋山捡到的小化石，想请他们帮忙看看是什么。霍纳一看，激动得半晌说不出话来，眼前这个就是北美第一个恐龙胚胎化石——慈母龙的蛋化石。

好妈妈

慈母龙每次能生25个蛋，孵化小恐龙后，这25只小恐龙每天要吃掉几百斤鲜嫩的植物，所以慈母龙需要不辞劳苦地到处寻找食物来喂养小宝宝。它们列队外出时，大慈母龙走在两侧，小恐龙在队列中间，如同今天我们看到的象群。这样爱护孩子的行为，"好妈妈"这个称号它们当之无愧。

快速的成长

科学家们在研究了慈母龙幼体和成体的化石后，发现慈母龙在一年内就能长到1米长，而成年慈母龙有10米长。这么快的生长速度说明了这种恐龙比今天的爬行动物的进食和消耗的能量要多得多。

三叠纪（2亿5000万年前~1亿9960万年前）| 侏罗纪（1亿9960万年前~1亿4550万年前）| 白垩纪（1亿4550万年前~6550万年前）

三角龙——最晚出现的恐龙之一

咦？白垩纪的后期就有犀牛了吗？但是，那只"犀牛"也太大了吧。它可不是什么犀牛，它是这个时期地球上最著名的恐龙之一：三角龙。

巨大的头颅

三角龙是生活在世界上的最后的恐龙之一。它的头颅很大，支撑着大块的颌部肌肉。头上有三根标志性的角，头颅后方则是骨质颈盾。眼睛上方的两只角有1米多长，而鼻子上方的角要小得多。而颈盾可能是用来吸引异性、调节体温的。

坚硬的牙齿

在所有的草食性恐龙中，三角龙的颌部是最强壮的。它的牙齿像巨大的剪刀一般相互交错，通过咀嚼食物而变得锋利无比，几乎能咬碎任何一种植物。再加上三角龙坦克一般的体型，使它成为了白垩纪最强的草食性恐龙之一。

幸存者

虽然在三角龙生活的年代，有很多凶恶的恐龙与它比邻而居，其中包括霸王龙。但是三角龙还是幸运地存活下来直到白垩纪末期。三角龙虽然长得像犀牛，但是却无法像犀牛一样奔跑，因为它根本跑不过猎食者，所以只能依靠巨大的角来抵御敌人的进攻。它用头上的三根角来对付猎食者，并用坚硬的颈盾保护颈部不被敌人咬伤。

大众文化的宠儿

三角龙独特的外形，使得它们经常出现在电影、电脑游戏以及电视节目中。在1993年的电影《侏罗纪公园》中，就出现了一只因为不适应现代植物而生病的三角龙。不仅如此，三角龙也常在儿童读物、动画节目中出现，可以说是大众文化的宠儿。

用头部求偶

三角龙头部装饰物的功能不仅仅是用来战斗的，现在越来越多的人认为这样的装饰物是三角龙求偶时的展示物，也许越奇特的头部装饰物越能吸引到异性的注意，并且博得好感。

奇·思·妙·想

慈母龙在恐龙世界中是出了名的好妈妈，发挥你的想象力，给我们讲述一个慈母龙妈妈跟慈母龙宝宝的故事吧。把你的故事写在下面的横线上，并讲给你的爸爸妈妈听。

_____

_____

_____

_____

_____

4

荤素皆宜的
恐龙

板龙——三叠纪最大的恐龙

别看眼前这只恐龙其貌不扬，既没有梁龙的高大，也没有霸王龙的凶狠，但是，它可是世界上最著名的原蜥脚类恐龙。原蜥脚类恐龙是最早的巨型蜥脚类恐龙，所以，它还是高大魁梧的梁龙、阿根廷龙的祖先呢。

三叠纪末期的巨型恐龙

在板龙出现以前，普通的恐龙的身材也就像一头猪那样大，而板龙要比同时期的恐龙大得多，它有一辆公共汽车那样长。

板龙的牙齿

板龙的上颌与下颌拥有许多小型牙齿，前上颌骨有5~6颗，上颌骨有24~30颗，齿骨上有21~28颗。这些牙齿有锯齿状、叶状的齿冠，适合消化植物。但是科学家们现在认为板龙拥有这么多厚厚的牙齿，所以偶尔用来对付小型的动物应该是没有问题的。

板龙的迁徙

身体硕大的板龙由于体温升高时身体散热不易，所以会在旱季缺乏食物时集体往海边迁徙。不过因为必须横越沙漠，忍受酷暑和口渴，所以在中途迷路后，常会发生集体灭亡的惨事。

艾沃克龙——牙齿形状不一的恐龙

艾沃克龙是印度的常住居民，它们是已知的最早的杂食恐龙之一，同时也是最早的蜥臀目恐龙之一。现在就让我们踏上寻找艾沃克龙之旅吧。

奇特的牙齿

艾沃克龙与大多数恐龙的牙齿不同，它的牙齿有一些是直的，而有一些却是弯的。它的前端牙齿是细长及笔直的，与草食性恐龙相似；而两旁的牙齿，虽然没有锯齿，但是向后弯曲像肉食性恐龙的牙齿。这个牙齿的排列明显表明了艾沃克龙并不是纯草食性或肉食性的恐龙，所以它应该是杂食性恐龙，会吃昆虫、小型的脊椎动物及植物。

颅骨化石

目前已经发现的比较完整的艾沃克龙的颅骨化石很小，它有可能是幼龙的颅骨。这样的猜测意味着考古学家们还没有找出成年艾沃克龙的颅骨化石。但是，如果现在已经发现的颅骨化石是成年艾沃克龙的，那么这种恐龙就真的非常小了，也许坐在我们的大腿上都没有什么问题。

杂食性恐龙

杂食性恐龙既吃植物也吃动物。现在所发现的恐龙中，只有少数恐龙是杂食性的，而肉食性恐龙占据了恐龙世界的大半江山。杂食性恐龙一般是找到什么就吃什么，浆果、种子、昆虫、小型动物等都可以喂饱它们。

三叠纪（2亿5000万年前~1亿9960万年前） | 侏罗纪（1亿9960万年前~1亿4550万年前） | 白垩纪（1亿4550万年前~6550万年前）

尾羽龙——有羽毛却无法飞翔

说起尾羽龙,它可真是非常奇特呢。因为它的身上居然覆盖着完全进化了的羽毛!这些羽毛对研究恐龙和鸟的关系起到了非常重要的作用。

有羽毛不会飞

尾羽龙的尾巴顶端长着一束扇形排列的尾羽,前肢上也长着一排奇特的羽毛。这些羽毛的总体形态和现代羽毛非常相似,唯一的区别在于尾羽龙的羽片是对称分布的,而鸟类则具有非对称分布的羽毛。科学家们认为,非对称的羽毛具有飞行功能。那么尾羽龙对称的羽毛很可能代表着羽毛演化的相对原始阶段。

罕见的胃石

尾羽龙的胃里有一堆小石子，这些奇特的小石子就是现代鸟类胃中常有的胃石，是用来磨碎和消化食物的。胃石这种东西在鸟类和其他种类的恐龙当中其实很常见，但是在兽脚类恐龙当中却是非常罕见。所以兽脚类的尾羽龙被证明是少数的杂食性恐龙之一。

尾羽龙的归属

并不是所有的科学家都认为尾羽龙是恐龙，有些人就提出了反对意见。有的古生物学家认为尾羽龙是一种无法飞行的鸟类，而且跟恐龙没有亲缘关系。他们指出尾羽龙的脚与不能飞却适于行走的新鸟亚纲很相似——例如鸵鸟，因而做出了尾羽龙是鸟类的结论。但是这样的结论现在并没有被世人肯定和接受。

三叠纪（2亿5000万年前~1亿9960万年前）	侏罗纪（1亿9960万年前~1亿4550万年前）	白垩纪（1亿4550万年前~6550万年前）

似鸡龙——恐龙中的 "飞毛腿"

　　"嗖" 地一声，只见眼前有什么东西飞速地跑过，可还没等我们看清楚，那家伙已经跑远了。只留下一只笨重的艾伯塔龙在后面气得直跺脚。哦，看来那只飞速跑过看不到身影的恐龙就是似鸡龙了。

似鸡龙的身材

　　似鸡龙是似鸟龙的一种，它也许还是最大型的似鸟龙。似鸡龙长着长脖子和没有牙齿的嘴。它身材轻盈而且后腿很长，身上长满了鸟类一样的羽毛，看起来像一只大鸵鸟。它的尾巴僵硬挺直，这有助于它在奔跑时保持平衡。

捕食

　　似鸡龙的爪子非常锋利，但它们并不能很好地抓取东西。似鸡龙也不吃肉，因为它的爪子撕不开肉。尽管如此，似鸡龙的爪子还是很有用处的，因为它可以用爪子拨开泥土，挖

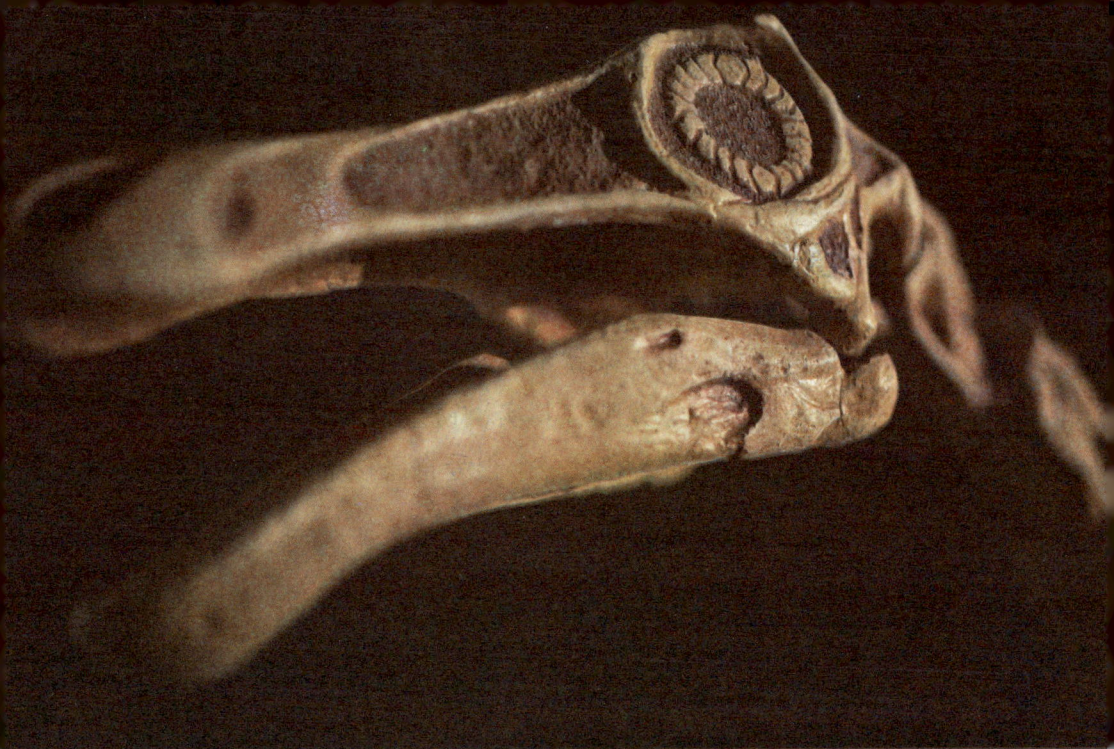

出动物的蛋来当食物。大多数情况下，它以植物为食，但也会用它的喙来啄食小昆虫，它甚至还能捕食蜥蜴。

飞毛腿 ➤

似鸡龙的行动非常敏捷，它的奔跑速度甚至比霸王龙还要快，它可是世界上速度最快的恐龙之一。它的速度可以达到每小时48千米，还能迅速转向来闪避猎食者的追捕。它可是名副其实的飞毛腿呢。

三叠纪（2亿5000万年前~1亿9960万年前）	侏罗纪（1亿9960万年前~1亿4550万年前）	白垩纪（1亿4550万年前~6550万年前）

窃蛋龙——"偷蛋"还是"护蛋"

窃蛋龙这个名字听起来就不怎么光彩，也许你会认为这种恐龙一定不是什么好恐龙吧？其实，窃蛋龙并不是我们所想象的那样是个小偷，反而，它是一个很爱自己孩子的好母亲呢。

窃蛋龙的运动神经

窃蛋龙身长约3米，大小像鸵鸟，它长着尖尖的爪子，长长的尾巴。据推测，窃蛋龙的运动能力很强，它的行动敏捷，可以像袋鼠一样用坚韧的尾巴保持身体的平衡，所以跑起来速度很快。

"偷蛋"到"护蛋"

1924年，在给窃蛋龙命名时，科学家们通过对化石的研究认为它是在偷取原角龙巢穴中的蛋时死亡的，所以给它取名为窃蛋龙。一直到20世纪90年代，"窃蛋龙偷蛋"的这宗冤案才被洗清。原来这窝恐龙蛋是属于窃蛋龙的，原角龙只是路过。那具化石其实是成年窃蛋龙坐在巢穴中的蛋上，用它那长有羽毛的前肢护着蛋。

杂食性恐龙

　　生活在蒙古的窃蛋龙除了食用植物果实以外，也会利用十分坚硬的骨质尖喙去找寻其他的食物。它的喙能够很容易地刺穿软体动物的外壳，或许它也会啄开其他恐龙的蛋去吸食其中的蛋液，所以它是一种杂食性恐龙。

三叠纪（2亿5000万年前~1亿9960万年前）	侏罗纪（1亿9960万年前~1亿4550万年前）	白垩纪（1亿4550万年前~6550万年前）

中国似鸟龙——标准的群居恐龙

中国似鸟龙有着细长的脖子、轻盈的身材，奔跑起来速度还挺快。看起来自由自在的，其实它很有"家"的观念呢，因为中国似鸟龙是标准的群居恐龙。

来者不拒的胃

中国似鸟龙属于兽脚类恐龙，这一类的恐龙一般都是肉食性恐龙。但是在中国似鸟龙的胃里发现了明显的胃石，这说明它既可以吃植物果腹，也可以吃一些昆虫和小型动物，果然是拥有一个让我们羡慕的来者不拒的胃啊。

群居恐龙

中国似鸟龙是群居动物，它们会形成一个大的群体，用来保护它们自己以及未成年似鸟龙免受掠食者的攻击。成年的似鸟龙善于奔跑，于是就会肩负起捕食和保护的作用。

中国似鸟龙的近亲

与中国似鸟龙长得很像的恐龙有很多，例如，中华龙鸟、中国猎龙、鸟面龙等。它们不仅仅长得像，而且还有着近亲关系，因为它们都是兽脚类恐龙。

三叠纪（2亿5000万年前~1亿9960万年前）	侏罗纪（1亿9960万年前~1亿4550万年前）	白垩纪（1亿4550万年前~6550万年前）

奇·思·妙·想

　　看了这么多的杂食性动物，是不是觉得杂食性恐龙的世界也很有趣呢？那么你现在动手找一找，看看除了我们所介绍的这些杂食性恐龙外，还有哪些恐龙是杂食性的，然后写在下面的横线上。

_____

_____

_____

_____

_____

图书在版编目(CIP)数据

探索恐龙帝国/孟凡丽,袁毅编著. —武汉:武汉大学出版社,2012.3
(2015.4重印)

(中国学生科学素质培养必读书:彩图版)

ISBN 978 - 7 - 307 - 09589 - 2

Ⅰ.探… Ⅱ.①孟… ②袁… Ⅲ.①恐龙 - 青年读物 ②恐龙 - 少年读物
Ⅳ.Q915.864 - 49

中国版本图书馆 CIP 数据核字(2012)第 035584 号

责任编辑:武　彪　　责任校对:杨春霞　　版式设计:王　珂

出版发行:**武汉大学出版社** 　(430072　武昌　珞珈山)

(电子邮件:cbs22@ whu. edu. cn 网址:www. wdp. whu. edu. cn)

印刷:三河市燕春印务有限公司

开本:710×1000　1/16　　印张:9　　字数:56 千字

版次:2012 年 3 月第 1 版　　2015 年 4 月第 2 次印刷

ISBN 978 - 7 - 307 - 09589 - 2　定价:29.80 元